中华文明探微

展现悠久历史 Embody the long history
探寻中华文明 Explore the Chinese civilization

风度华服

中国服饰

对美和礼仪的千年追寻

Chinese Apparel and Accessories

白巍 戴和冰 主编
臧迎春 徐倩 著

北京出版集团公司
北京教育出版社

图书在版编目（CIP）数据

风度华服：中国服饰 / 臧迎春，徐倩著. — 北京：
北京教育出版社，2013.4
（中华文明探微 / 白巍，戴和冰主编）
ISBN 978-7-5522-1084-2

I. ①风… II. ①臧… ②徐… III. ①服饰文化—文
化史—中国 IV. ①TS941. 12

中国版本图书馆CIP数据核字（2012）第216200号

中华文明探微

风度华服
中国服饰
FENGDU HUAFU

白　巍　戴和冰 主编
臧迎春　徐　倩 著

出　版　北京出版集团公司
　　　　北京教育出版社
地　址　北京北三环中路6号
邮　编　100120
网　址　www.bph.com.cn
总发行　北京出版集团公司
经　销　新华书店
印　刷　滨州传媒集团印务有限公司
版印次　2013年4月第1版　2018年11月第3次印刷
开　本　700毫米×960毫米　1/16
印　张　10
字　数　110千字
书　号　ISBN 978-7-5522-1084-2
定　价　36.00元
质量监督电话　010-58572393

编委会

名誉主编：汤一介

丛书主编：白　巍　戴和冰

编　　委：（以姓氏笔画为序）

丁　孟　方　铭　叶俾玮　田　莉　白　巍　朱天曙

朱怡芳　朱闻宇　刘小龙　刘雪春　杜道明　李印东

张广文　祝亚平　徐　倩　萧　默　崔锡章　董光璧

谢　君　臧迎春　戴和冰

总　序

　　时下介绍传统文化的书籍实在很多，大约都是希望通过自己的妙笔让下一代知道过去，了解传统；希望启发人们在纷繁的现代生活中寻找智慧，安顿心灵。学者们能放下身段，走到文化普及的行列里，是件好事。《中华文明探微》书系的作者正是这样一批学养有素的专家。他们整理体现中华民族文化精髓诸多方面，不炫耀材料占有，去除文字的艰涩，深入浅出，使之通俗易懂；打破了以往写史、写教科书的方式，从中国汉字、戏曲、音乐、绘画、园林、建筑、曲艺、医药、传统工艺、武术、服饰、节气、神话、玉器、青铜器、书法、文学、科技等内容庞杂、博大精美、有深厚底蕴的中国传统文化中撷取一个个闪闪的光点，关照承继关系，尤其注重其在现实生活中的生命性，娓娓道来。一张张承载着历史的精美图片与流畅的文字相呼应，直观、具体、形象，把僵硬久远的过去拉到我们眼前。本书系可说是老少皆宜，每位读者从中都会有所收获。阅读本是件美事，读而能静，静而能思，思而能智，赏心悦目，何乐不为？

　　文化是一个民族的血脉和灵魂，是人民的精神家园。文化是一个民族得以不断创新、永续发展的动力。在人类发展的历史中，中华民族的文明是唯一一个连续5000余年而从未中断的古老文明。在漫长的历史进程中，中华民族勤劳善良，不屈不挠，勇于探索；崇尚自然，感受自然，认识自然，与自然和谐相处；在平凡的生活中，积极进取，乐观向上，善待生命；乐于包容，不排斥外来文化，善于吸收、借鉴、改造，使其与本民族文化相融合，兼容并蓄。她的智慧，她的创造力，是世界文明进步史的一部分。在今天，她更以前所未有的新面貌，充满朝气、充满活力地向前迈进，追求和平，追求幸福，勇担责任，充满爱心，显现出中华民族一直以来的达观、平和、爱人、爱天地万物的优秀传统。

什么是传统？传统就是活着的文化。中国的传统文化在数千年的历史中产生、演变，发展到今天，现代人理应薪火相传，不断注入新的生命力，将其延续下去。在实践中前行，在前行中创造历史。厚德载物，自强不息。是为序。

汤一介

序

华冠丽服演绎中华文明

中国，作为一个有着5000年历史的文明古国，她历经岁月的沧桑变化，形成了博大精深、源远流长的文化体系。其中，传统服饰文化是其极为重要的组成部分。它直接或间接地反映了中国社会的政治变革、经济发展和风俗变迁，并标示出中国社会在不同历史阶段的文化状态和精神面貌。中国传统服饰作为中国文化的重要载体，经过中华民族世世代代日积月累，历经5000年的风云变幻，终于形成了兼容并包、异彩纷呈而又独具东方韵味的服饰文化体系，并对世界的许多国家，特别是亚洲各国产生了深刻而持久的影响。

本书共分为6个章节，前5章内容是中国历代服饰，从帝王冕服到官员补服，从冠帽制度到军戎服饰，从黄马褂到中山装……精选中国各历史阶段的特色服饰，并对其所蕴含的深刻人文内涵进行阐述，以求能够由点到面，得以折射出辉煌而璀璨的中华文明之一斑。其中，第一章《衣冠溯源》，主要介绍古代衣冠制度伊始，帝王冕服的形制特点和代表皇权的十二章纹及其所蕴含的文化内涵，另外还有对古代官员补服、黄马褂等统治阶级服饰的介绍。第二章《华服美饰》是对中国服饰史中男子冠帽制度、女子发髻形制和缠足现象以及各种化妆术的简单描述，此外，古代"君子无故玉不离身"是中国特有的文化传统，对于该现象此章节也有部分概述。第三章《褒衣博带》和第四章《霓裳羽衣》主要写古代男、女特色服饰，包括深衣、袍服、裤子、内衣、襦裙、裆子、军戎服饰（甲胄）以及盛唐时期流行的几种"时世装"等内容。第五章《中西合璧》主要介绍20世纪初期，辛亥革命之后，中国打破闭关锁国政策，门户开放，西洋文明之风劲吹，中西文化碰撞相融交汇后而产生的男女服饰上的巨大变化，典型服装为中山装和改良版旗袍。而后介绍了新中国成立初期，妇女中曾普遍流行的一种名为"布拉吉"的连衣裙，以及改革开放后，在中国出现并广为流行的牛仔服装。第六章《在水一方》主要是对部分少数民族服装的简略介绍，中国拥有55个少数民族，每个民族都有自己独具特色的文化传统和服饰形制，在此将其按地域划分为南、北两部分进行概述。

此外，中国和西方国家因其历史发展进程不同，在哲学、文化、宗教等方面存在着明显差异，这种差异在社会文明各方面都有体现，服饰文化也不例外。总体来说，中国服饰文化的总体基调是内敛、含蓄，而西方服饰文化则更多张扬与个性的基因。并且由于地理环境、气候条件以及发展过程中所积淀的内容不同，而导致东西方文化内涵也各不相同。本书在部分篇章中对相同主题的中西方服饰文化特点及内涵作了简要对比，以期读者能更好地理解不同文化背景下所呈现出的不同服饰现象。

中国古代服饰深受儒家传统思想影响，有着明显的儒家"烙印"。服装形制既具有包裹人体的自然属性，又有合乎礼仪习俗的社会属性；既符合儒家传统思想中"天人合一"的理念，同时也充分体现了中国传统文化的深邃广奥。古代服饰注重表现人的精神、气韵之美。普遍采用平面裁剪方法，人体与服饰之间空间很大，即所谓"褒衣博带"的造型特点，强调的是意念上的空灵、飘逸的审美感觉，这也是中国几千年来所特有的美学意蕴，与其他的民族艺术，如绘画、舞蹈、书法、雕塑以及文学作品中所追求的写意性，讲求形神兼备的美学理念是一致的。此外，中国古代服饰自古以来就具有社会伦理功能，从"黄帝、尧、舜垂衣裳而天下治"，到周朝礼仪制度的完备，历朝历代的统治者都非常重视衣冠制度对人们思想的统治，并以此来规范约束各阶层人的行为，达到"治国安天下"的目的。

西方服饰的发展则伴随着文明的迁移，以中世纪哥特时期为分水岭，由古代欧洲南方型的宽衣文化向北方型的窄衣文化发展。古希腊、古罗马时期，人们崇尚人体美，并不以裸露为耻，服装只是一块简单的面料，或披挂或缠绕或系扎于人体之上，形成自然而优美的褶裥装饰。中世纪时，基督教文化压抑了人们的思想与审美，女性将身体掩藏于服装与面纱中。而后13—15世纪的哥特时期，欧洲社会风气发生明显变化，享乐主义盛行，女装开始向显露形体方向发展，同时出现了早期的立体裁剪。从此，东西方服饰文化开始分道扬镳，各自走上了不同的发展道路，西方服饰文明进入了窄衣时代。15世纪中期到18世纪末，是西洋服装史中的"近世纪时期"，文艺复兴的光环带来人性的流露，女性开始用裙撑和紧身胸衣来装扮自己，以符合当时男性的审美观。18

世纪工业革命后，资产阶级成为社会中坚，早期工业化的时代需要促使男装发生了质的变革，出现了现代男装。直到20世纪初，第一次世界大战爆发，女装才逐渐从封建时代的奢侈华美中走出，从而步入一个新的文明时代。

总体来说，在西方服饰文化中，人们更为强调主、客观世界的分离，习惯于以理性、科学的态度去对待服饰。西方人称服饰为"软雕塑"，他们在造型上更强调三维空间效果，即便是装饰也强调立体美，如文艺复兴时期的普尔波万（pourpoint）和法勤盖尔（farthingale），就是大量使用填充物来夸张服装的立体造型；以及女裙上大量膨起的褶裥、男装的斯拉修（slash）装饰，都是为了加强服装的立体感和层次感。此外，西方服饰在结构处理上，普遍采用收省、捏褶、分割等方法，使平面的布料产生立体形状，以求最大限度地适合人体，突出人体的曲线美，用理性而科学的方法去追求艺术之美。

无论是中国服饰还是西方服饰，都深深地烙上了文明发展的印记。本书以简练的文字和精美的图片，着重介绍了中国历代最富有特色的服饰内容及其所蕴含的深刻文化内涵。

目　录

风度万眼
中国服饰

1

衣冠溯源
——文明的曙光

▎垂衣裳而天下治

纵观人类社会的历史,从早期原始社会,到中央集权的奴隶社会、封建社会,社会不停地发展变迁,促成了等级和阶层的出现。统治者们除了使用强权武力等暴力机构之外,还需要一种更为温和的方式,来掌控人们的精神世界,维持现有的社会秩序,由此便形成了礼仪制度。威严的礼仪制度有着严格的等级划分,它遵循一种金字塔式的结构,维系着统治机器的运转,也保持了整个社会的稳定。

《易·系辞下》记载曰:"黄帝、尧、舜垂衣裳而天下治。"(图1-1)服饰文化作为社

图1-1 宋朝马麟绘禹王立像,南薰殿旧藏

禹王为古代部落首领,受命治水,历时13载,栉风沐雨,传其曾三过家门而不入,因治水有功而深得民心。图中禹王身着装饰有日、月、星辰等十二章纹的衮冕,头戴华丽的冕冠,手持笏板,面色丰润,慈爱安详,颇具帝王风度。

1

会的物质和精神文化，是"礼"的重要内容，具有强烈的阶级内涵。统治者通过各种服饰规定，将不同等级的人区别开来，彼此之间不可以随便逾越。因此，服饰除了具有遮羞保暖的功能之外，还被当作"分贵贱，别等级"的工具，在它的生产、分配、使用方面都有相应的管理制度，受到统治阶层严格的控制。

处于等级金字塔最顶端的是古代帝王，国家的最高统治者；依次而下是各级贵族、臣子，他们除了对帝王绝对服从之外，彼此之间也有着严整的等级秩序。（图1-2）帝王，在古代中国，被称为"天子"，是代表上天旨意来统治民间百姓的。因此帝王们作为上天之子，除了表达对天地的无限敬仰之外，也期盼着能与天地之神进行对话和交流，于是便设立了各种各

图1-2 复制的明代十二章福寿如意衮服

该龙袍由万历皇帝朱翊钧所穿用。身长136厘米，通袖长233厘米，袖宽55厘米，挂肩41厘米，下摆105厘米。衮服的纹样设计以十二章纹为主题。十二条团龙分布在正面、背面各三条，双肩及侧身各两条。每条龙的姿态各不相同，有正、侧、升、降姿，鬃毛倒竖，生动有力。龙的周围均匀地饰有云头、海浪、金锭、海珠、飘带和八宝。除此外，龙袍上还织有256个"寿"字，301只蝙蝠，271个"如意"图案，寓意皇帝万寿万福。

3

样的礼仪法规，并且选择在每年固定的良辰吉日来举行祭祀大典。表现在服装上，便是作为最高等级的礼服——冕服。（图1-3）

　　冕服是帝王在举行祭祀典礼时所要穿着的最为华美的礼服。作为一种服装形制，它不仅融入了中国传统文化的精神，如自然、人伦、礼序等等，并且将统治者们为了维护阶级统治而极力渲染的等级思想最大限度地表达了出来，深刻地体现出中国古代服饰文化的内涵与特色。

图1-3 唐朝阎立本《列代帝王图》局部

　　戴冕冠、穿冕服的隋文帝（右三）。冕服以玄色上衣、朱色下裳组成，上下绘有章纹，一般与冕冠、腰带和赤舄（红色的鞋子）配套穿着。

　　冕服主要由玄衣（上衣）和纁裳（下裙）组成，一般与冕冠、腰带和赤舄（红色的鞋子）配套穿着。据说这种服装形制也是模仿天地来进行制定的。上半身称为"衣"，是一种款式宽松的大袖衣。穿着时，左衣襟搭右衣襟，形成交领样式，叫"右衽"。上衣颜色采用黑中偏红的"玄"色，代表黎明时分天空的颜色。下半身是种筒裙，称为"裳"，颜色用红中带黄的"纁"色，象征宽厚的土地——幅员辽阔而又

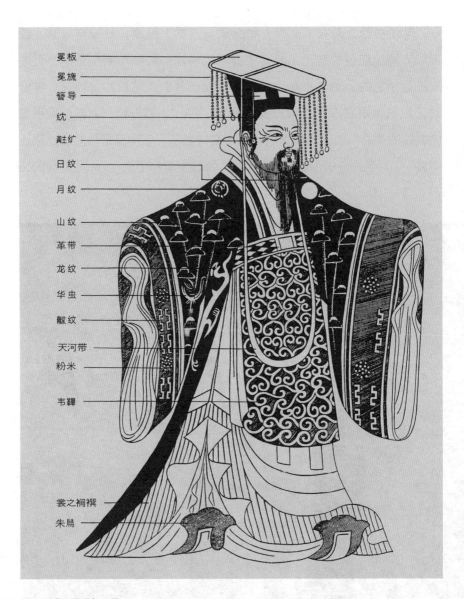

冕板

冕旒

簪导

纮

黈纩

日纹

月纹

山纹

革带

龙纹

华虫

黻纹

天河带

粉米

韦韠

裳之裥襈

朱舄

图1-4 帝王冕服标示图

　　帝王在祭祀天地之时穿着"大裘冕"，也称十二章服，是最正式的冕服。冕服等级从高到低分为6种：大裘冕、衮冕、鷩冕、毳冕、绣冕、玄冕。主要以冕冠上"旒"的数量、长度以及衣服上装饰的"章纹"种类、数量等内容相区别。

包容万物。把"天"和"地"穿在身上，表达了古人对天地神灵的深切敬仰之情。（图1-4）

冕冠是帝王最高等级首服（帽子），由冕板、冕旒、笄、纮、充耳等组成，是"君权神授"的象征。它是在一个圆筒形帽卷上，覆盖一块木制的冕板。冕板前圆后方，象征着传统文化中"天圆地方"理念。后面比前面高出一寸，向前倾斜，佩戴时也要保持前低后高状态，象征"天子"对黎民百姓的关怀，这也是"冕"字的本义。

冕板上面涂青黑色，下面涂黄赤色，象征天玄地黄。前后各悬挂12旒，每旒有12颗五彩玉珠，按照朱、白、苍、黄、玄色的顺序排列，并用五彩丝绳串联，悬于冕板前后，叫"玉藻"，象征着五行生克和岁月流转。冕冠的左右两侧各有一个纽孔，用来穿插玉笄，固定发髻。从玉笄两端垂挂下来一条丝带，并在两耳处各垂一粒珠玉，叫"充耳"，以此来提醒帝王勿要听信谗言。（图1-5）

冕服主要是以冕冠上"旒"的数量、长度和服装上"章纹"的种类、个数等内容进行区别，共分6种，称为"六冕之制"。等级从高到低依次为：大裘冕、衮冕、鷩冕、毳冕、绨冕、玄冕。帝王在祭祀天地之时穿着"大裘冕"，也称十二章服，是最正式的冕服。（图1-6）

历史上除了中国之外，在日本、韩国、越南等东亚国家，冕服也曾作为最高等级的礼服为国君、皇子等皇权阶层穿用。据相关史书记载，日本圣武天皇在位期间，首次在祭祀大典上穿冕服。此后，冕服最终被确定为日本正式礼服。

《高丽史》记载，高丽的国王、世子曾多次接受中国皇帝所赐冕服。大韩帝国时，国王规定将十二章纹冕服作为皇帝御用冕服。直至今天，在韩国的某些场合，仍然可以见到冕服踪影。如，2004年，韩国皇室后裔在汉城宗庙祭祀典礼上就穿着传统冕服。

图1-5 冕冠（复制）

　　冕冠由冕板、旒、充耳等组成。旒用
五彩丝线穿五色玉珠构成，玉珠每颗相隔约
3.3厘米，按朱、白、苍、黄、玄色的顺序排
列，象征着五行生克及岁月流转。冕板前圆
后方，象征着天圆地方；后高前低呈前倾之
势，象征着"天子"对黎民百姓的关爱。

晋武帝司馬炎

图1-6 唐朝阎立本《列代帝王图》局部，晋武帝司马
炎立像

　　司马炎是晋朝的开国皇帝。图中司马炎穿着大裘
冕，玄衣纁裳。玄为青黑色，纁为黄赤色，象征着天与
地。上衣绘有日、月、星辰、山、龙、华虫六章纹样；
下裳绣着火、藻、粉米、宗彝、黼、黻六章纹样，也称
十二章纹。大裘冕是帝王最隆重的礼服。

9

▌ "王"的标志——十二章纹

原始社会，人类对自然界的认识仅处于懵懂阶段，对雷霆、闪电、雨雪、潮涌、霜降等自然现象，除了惊诧恐惧，又充满好奇困惑，当时的人类既无法解释这些现象，也没有能力对抗。久而久之，人们便认为冥冥之中有某种超自然的力量主宰着一切，认为是天地之神震怒发威才导致了各种灾难的降临。如此一来，原始人类便对天地间的神灵充满了敬畏与尊崇，他们利用所有可能的形式来举行祭祀大典，祈盼能驱灾纳福、国泰民安。与此同时，人们也把天地神灵概括成图形符号穿在身上，以表达对大自然的崇拜。长期以来，古人们创造了许多自然纹样，以"十二章纹"最为著名。（图1-7）

十二章纹，是指12种特殊的图案，装饰于帝王冕服之上，是中国帝制时代王权的标志。具体为：

（右）图1-7 十二章纹

是指十二种特殊的图案：日、月、星辰、山、龙、华虫、火、藻、粉米、宗彝、黼、黻，也称十二章纹，装饰于帝王冕服之上，是中国帝制时代王权的标志。

日、月、星辰、山、龙、华虫（雉鸡）、火、宗彝（老虎和长尾猿）、藻、粉米、黼（斧）、黻（亞）等12种纹样。上衣下裳各有6种纹样，不可以随意混搭。日、月、星辰、山、龙、华虫纹样，绘于上衣之上；而火、宗彝、藻、粉米、黼、黻纹样则绣于下裙上面。 这些纹样结构严谨，寓意深刻，不仅具有划分等级的作用，还有很强的文化象征意义。每种纹样都代表不同寓意，共12种纹样，几乎涵盖了人生在世所有的美德。（图1-8）

人们认为太阳能带来光明，为动植物提供光照，促使万物生长。把太阳图案绘于上衣左肩，代表光明普照之意。月亮绘于右肩，与太阳图案遥相辉映。北斗七星图案绘于日、月下方，意味着帝王"肩挑日月，背负星辰"。山石图案代表稳重、镇定，并且山石能生云雨，是万物再生之源，也象征帝王高高在上的地位和权力。

"龙"在中国神话中是一种善于变化、能兴风弄雨、威力极大的神奇动物。龙图腾也是中国古代最为重要的原始图腾之一。从奴隶社会到封建社会，历经几千年，龙图腾作为皇权标志，一直用于帝王冕服之上。此外

（左）图1-8 明世宗坐像，南薰殿旧藏

戴乌纱折上巾，穿盘领、窄袖、绣龙袍的明世宗。乌纱折上巾，是皇帝穿常服所戴，其样式与乌纱帽基本相同，唯独左右二角折之向上，竖于纱帽之后。盘领、窄袖、绣龙袍，是皇帝的常服。常服又称翼善冠，黄色的绫罗上绣龙、翟纹及十二章纹。

还有华虫（雉鸡）图案，因其色彩鲜艳，以此来表示穿着者富有文章之德。（图1-9）

随着生产力的提高，人类社会不断进步，人们改造自然的能力也逐渐增强。在这个过程中，人们发明了大量生产工具和生活用品，体现在十二章纹中，主要有：火和黼（斧）。火的使用极大程度上改变了人们的生活方式，而黼（斧）是劳动工具，两者的出现体现了人类的进步，是人类智慧的结晶。同时人们用火焰图案来预兆光明、旺盛，用斧头图案代表决断是非，也提示穿着者应"当机立断"。

"黻"与"黼"写法相似，是繁体字"亞"的纹样，它一半青色，一半黑色，代表着人们开始理性思辨，去发现自然界的规律，同时也有劝人避恶从善之意。

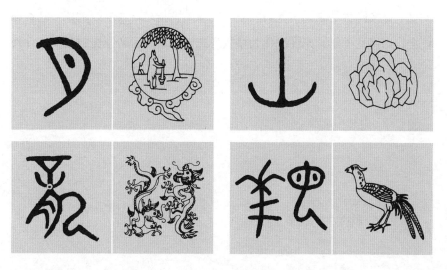

图1-9 十二章纹之月、山、龙、华虫

月亮与太阳图案遥相辉映；山石图案代表稳重、镇定，并且山石能生云雨，是万物再生之源，也象征帝王高高在上的地位和权力；龙图腾作为皇权标志，一直用于帝王冕服之上；华虫（雉鸡）图案色彩鲜艳，以此来表示穿着者富有文章之德。

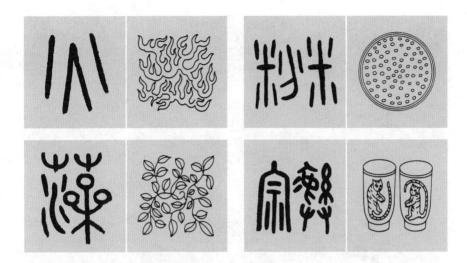

图1-10 十二章纹之火、粉米、藻、宗彝

　　火焰图案预兆光明、旺盛；"粉米"图案是米点状白色花纹，寓意滋养化育，提醒帝王要滋养众生、惜福养民；"藻"象征纯洁华美、文采斐然；宗彝图案绣在下裙上，左右各一，形成一对，寓意穿着者智勇双全。

　　"粉米"是农业收获之物，"藻"是水草纹样，"宗彝（老虎和长尾猿）"是狩猎对象，这些都与人们的生活密切相关，是大自然的恩赐，也是人们改造自然的结果。人们用这些纹样装饰服装，以此表达期盼丰衣足食的心愿。具体来说，"粉米"图案是米点状白色花纹，寓意滋养化育，提醒帝王要滋养众生、惜福养民。"藻"象征纯洁华美、文采斐然。"宗彝"是一种祭祀器皿，表面有老虎、蜼的图案，"蜼"是一种长尾猿，传说蜼很有孝道，人们把宗彝图案绣在下裙上，左右各一，形成一对，寓意穿着者智勇双全。（图1-10）

　　十二章纹的使用很有讲究，只有天子的冕服才能全部使用，帝王以下逐级削减。如，公爵可以使用"九章"；再次一等爵位——侯、伯等，依次用"七章"或者"五章"。

15

图1-11　明黄色刺绣皇帝龙袍带十二章纹（清中晚期）背面局部

　　龙袍上每个纹样都有丰富的含义。在胸、背和两肩处绣有4条正龙，在前后衣襟下摆处又有4条行龙，这样前后望去都有5条龙，寓意为九五之尊。除了龙纹和十二章纹之外还有五彩云纹、蝙蝠纹等吉祥图案，有洪福齐天、福山寿海等寓意。

　　十二章纹在漫长的发展过程中，蕴含了人与天地神灵、自然万物、礼仪风俗等种种内涵，也寄托了人们对自然界的崇拜以及对现实生活的美好向往。它是一种文化载体，不仅代表古代"天人合一"的理念，也反映了人与自然的和谐，具有丰富的艺术精神。这些纹样在中国原始彩陶文化中都曾经出现过，只是到了奴隶社会，才被统治阶级所垄断，赋予其丰富的政治含义，使之成为统治者至高无上的权力、威严与仁德思想在服饰上的集中体现，成为象征统治权威的标志。（图1-11）

▌ 别等级、明贵贱的"补子服"

在现代社会说起"衣冠禽兽",恐怕人人侧目,众所周知,只有那些道德沦丧、处事卑劣的无耻之徒,才会被斥为"衣冠禽兽"。然而,殊不知这个彻头彻尾的贬义词,在其诞生之初,却是个万众仰慕、光彩照人的"体面"词儿。"衣冠"制度是我国等级社会里陈陈相因的典章制度之一,上至皇帝天子下到黎民百姓,穿衣戴帽的样式、颜色、质料、纹饰等都有严格的规定,用来辨别等级,区分尊卑贵贱。而"禽兽"一说,来源于古代的官服。我们在历史题材影视节目中常常可以看到,身着官服的大臣们在前胸后背处往往会有一块方形面料,上面用金丝彩线绣着禽鸟或猛兽的图案,这块装饰精美的面料就叫"补子",带补子的官服也叫"补子服"或"补服"。(图1-12)补子是封建社会等级制度的典型标志,有"别等级、明贵贱"的作用。"衣冠禽兽"在当时是指穿"补子服"的人,即为官当权者,是一个令人羡慕的赞美词,只是到了明朝中晚期,官场腐败,为官者欺压百姓,无恶不作,如同披着衣冠的禽兽一般,"衣冠禽兽"这才演变为地地道道的贬义词。

17

图1-12 徐悲鸿早期绘画
《清代官员像》

　　清朝官员朝服为石
青色或蓝色袍服，以"顶
戴花翎"及官服上的补
子来区分官阶大小。所
戴官帽有两种：冬季为
"暖帽"，夏季为"凉
帽"。上朝需佩戴朝
珠，共108颗，旁边附
小珠三串，称为"纪
念"，另外还有一串垂
在后背，名曰"背云"。
同补子一样，朝珠也显示
了官位的高低。

　　说起官员的补子，相传起源于唐代武则天当政时期。女皇武则天看到百官穿着统一的官服上下朝，每天如此，单调乏味，便命人重新设计官服。新官服在前胸后背处有补子纹饰，文官绣禽鸟，武将绣猛兽。官员穿着刺绣精美的新官服显得高贵典雅、衣冠楚楚。也有人认为补子始于元朝，因为曾经在元代墓穴中出土了一些带补子的服装。这种装饰在前胸后背处的方形图案，与补子非常类似，但是这些图案只以花卉为主，并没有明显的区分等级的标志。

　　以上只是关于补子的传说与猜测，我们认为真正带补子的官服始于明朝，据《明会典》记载，洪武二十四年（1391年）对官服的补子做了详细规定，从一品到九品用不同的图案来辨别官员职别及官位高低。

　　文官们饱读诗书，文质彬彬，因此用风雅文明的禽鸟图案做补子。具体来说，文官一品用仙鹤图案，中国有句成语叫作"鹤立鸡群"，称赞仙鹤超凡脱俗、高雅圣洁的气质与品德；并且在吉祥图案中，凤凰排名第一，代表皇后，仙鹤排名第二，象征一品高官。二品用锦鸡图案，锦鸡也叫"华虫"，取自于帝王冕服上的纹饰，象征穿着者具有一呼百应的王者风范；古时还有传说锦鸡能够镇鬼辟邪，因此把它作为二品文官的象征。三品用孔雀图案，古人认为孔雀不仅美丽高雅，而且很有品德，是代表富贵、文明的一种吉祥鸟。四品用云雁图案，雁在飞行时常排成"一"或"人"字形队列，用它代表礼节、秩序。五品用白鹇图案，古代历来把白鹇作为吉祥鸟，人们认为它在展翅飞翔之时，可以去污纳福；它在喝水之时，寓意生活甘美；此外，它还能祛灾保收。六品用鹭鸶图案，鹭鸶是白色吉祥鸟，代表洁身自好。七品用鸳鸯图案，古人以鸳鸯喻"忠诚"，也有喜庆祥和之意。八品用鹌鹑图案，"鹌"取谐音"安"，寓意"平安如意"和"安居乐业"。九品用练鹊图案，练鹊长长的羽毛很像绶带，也叫"绶带鸟"，绶带是一种配饰，用于帝王、百官礼服之上，象征权力和富

图1-13 清乾隆朝武官、通州协副将王文雄

　　1793年，王文雄和天津道乔人杰二人全程陪同马戛尔尼使团，这幅肖像为使团随团画师W.亚历山大所绘。他胸前的补子表明了他的武官身份和等级。

贵；并且人们认为练鹊能报喜，是种吉祥鸟。

　　武官大多勇猛彪悍、威风凛凛，因此用骁勇善战的猛兽做补子图案。具体是：一品武官为麒麟，二品是狮子，三品为猎豹，四品是老虎，五品是熊，六品是彪，七品和八品都是犀牛，九品为海马。

　　补子上除了飞禽走兽图案之外，还有水和岩石图案，寓意为帝王的统治像岩石一样稳固如山，像海水一样永不枯竭，天长地久。

（图1-13）

　　到了清代，补子在继承前代的基础上，进一步发展变化。明代官服是侧开长袍，补子是织上去的整块图案；而清朝官服是中开褂子，补子是后来缝缀上去的，所以前胸补子只能一分为二在左右两个衣片上。其次，明代补子比较大，约40厘米见方，四周没有花边装饰，底纹一般为红色等素色，用金线刺绣，素净淡雅；清朝补子较小，约30厘米见方，四周有精美的花边装饰，用青、黑、深红等较深底色，有五彩缤纷的刺绣图案，鲜艳夺目。另外，明朝文官补子装饰有两只禽鸟，一唱一和，比翼双飞，相映成趣；而清朝文官补子则改为一只禽鸟纹饰。（图1-14）（图1-15）

　　补子作为"别等级、明贵贱"的标志，随官职而存在，就像现在的军衔，不能随意佩戴和改变。对此，各朝代都有明确而详细的规定，每个官员都要按规行事，不可逾越，否则就会被定罪论处。在此有个鲜活的例

图1-14 清代文官补子

　　清代文官补子绣禽鸟，以示文明。一品为仙鹤，二品
为锦鸡，三品为孔雀，四品为云雁，五品为白鹇，六品为
鹭鸶，七品为𪉖鶒，八品为鹌鹑，九品为练鹊。

图1-15 清代武官补子

　　清代武官补子绣猛兽，代表威武。一品绣麒麟，二品绣狮，三品绣豹，四品绣虎，五品绣熊，六品绣彪，七品与八品绣犀牛，九品绣海马。

子：据说在乾隆年间，有位官员，既是二品文官又是二品武官，他认为反正两个级别是一样的，于是就在他的二品武官补子上做了创新——在狮子尾巴后添加了一只小锦鸡。当乾隆皇帝召见时，看到他补子上居然有两只吉祥禽兽，这还了得！皇帝盛怒之下，立时将其革职查办了。由此可见，中国古代社会等级制度是何等的森严。

▍ "黄马褂"的骄傲

2001年，亚太经合组织（APEC）第九次会议在上海举行。按照历来习惯，与会者需要穿主办国的民族特色服装。譬如在越南召开的时候，穿的是越南国服"奥黛"（Ao Dai）长衫，在澳大利亚是澳洲传统服装德瑞莎-波恩（Driza-Bone Riding Coat）。而这次在上海，19位国家元首穿的是中式"唐装"，其实就是清朝"马褂"的现代改良版。改良版马褂是传统和现代的结合品。它在具有传统文化韵味的面料款式基础上，采用西式裁剪法，使之更为适身合体，符合现代人的审美需要，得到了广大人民的喜爱，使这种源自于满族的传统服装重新焕发了生机。

图1-16 20世纪20年代父子合影

虽然已是辛亥革命后，父亲仍然穿着浅色长袍和对襟马褂，儿子留着"朝天揪"，也穿着对襟的小马褂。显然在那个时期，长袍马褂依然是中国百姓的传统服装。

图1-17 清政府送往美国留学的30名年龄在14岁到20岁之间的少年在上海"轮船招商总局"门前合影

1872年，清政府顺应历史潮流，派出了第一批30名幼童赴美留学，随后的3年继续每年派出30名幼童赴美留学，共派出了120名幼童赴美留学。这批少年均穿着长袍马褂、留着辫子。

长袍马褂，原本是满族人民的特色服装。传统马褂非常短小，只到腰间，袖子也很短，只到肘部，有点像现在的"七分袖"，穿起来显得整体短小精悍，适于骑马。最初，只有满族八旗子弟穿着马褂，随着民族融合的发展，到康熙、雍正年间，很多汉族达官贵人也穿起了马褂，之后逐渐流行到民间，成为清朝男子服装的基本款式之一。(图1-16)

清朝马褂款式主要流行3种：对襟、大襟和琵琶襟马褂。对襟马褂的衣襟开口在身体前中，左右两边对称，显得方正端庄，一般作为正式礼服穿用；大襟马褂的开口在身体右侧，也叫"右开襟"，衣片周围用异色面料做缘边装饰，整体款式休闲随意，一般做家居服穿用；琵琶襟马褂的右侧衣襟短缺了一块，看起来形状像琵琶，因此而得名，一般在平时外出时穿用。(图1-17)(图1-18)

另外，马褂的颜色也有很多变化。在不同历史时期，有各自"流行色"。所谓"流行色"一般是指在一个时期比较受贵族子弟喜爱的颜色。最早马褂流行天蓝色，到乾隆年间流行玫瑰紫，之后又流行过深红、浅

25

图1-18　定陵出土的明孝靖皇后的红素罗绣平金龙百子花卉
方领女夹衣

　　方领，对开襟，五颗金纽扣。在前后襟及两袖用金线绣
了9条龙，全衣绣百子图，其间缀以金锭、银锭、方胜、宝
珠、犀角、珊瑚、如意等杂宝图案，以及由桃花、月季、牡
丹、荷花、菊花、梅花等花卉组成的春夏秋冬四季景。

图1-19 民国初年的四川成都男子。美国路得·那爱德（Luther Knight，1879—1913年）摄，来约翰提供

他们头戴鸭舌帽，身着绸缎长衫、皮毛马褂，右边男子戴着眼镜。

灰、驼色、米色、棕色等颜色。除了各时期"流行色"的不同，马褂在领和袖的花边装饰上也会有所变化。有时流行宽边装饰，有时又流行窄边，到了清末，还出现过没有边饰的马褂。（图1-19）

黄马褂，款式与普通马褂类似，特别之处在于其颜色——黄色，是皇族专属色。黄色之所以成为特殊"尊贵"色，源于古代"敬土"思想。按照中国阴阳学说，黄色为"土"，在五行中土为尊，代表着宇宙中央。并且儒家大一统思想认为，以汉族为主体的统一王朝，理应处于宇宙中央，这样才有别于周边少数民族。如此一来，黄色就通过"土"与"正统""尊崇"联系起来了，为君主的统治提供了合理论证。此外，古代又有"龙战于野，其血玄黄"的说法，意思是说龙在打仗的时候，流的血是黄色的。而君主历来自称龙的子孙，于是黄色就成为皇权阶级的专用色，神圣而不可侵犯。黄色又有深浅的不同，对此也有明确规定。首先是以"明黄色"最为尊贵，只有皇帝才可以使用。其次还有"金黄色"（深黄色），是皇亲贵族使用的颜色。其他人最多只能用"杏黄色"（红黄色）。

黄马褂，并非清朝皇帝自己穿用的衣服，而是把它作为一种赏赐，赐予有功之人穿用。能够被赏赐黄马褂，对臣子来说，是无比荣耀无比骄傲的事情。在清代，通常只有3类人可以穿用黄马褂。第一类是在皇帝出行之时，身兼重任的大臣和皇帝御驾旁边的侍卫要穿黄马褂，用来标明圣驾位置；第二类是当皇帝外出打猎之时，收获猎物最多的勇士，可以得到皇帝赏赐的黄马褂，这种黄马褂只能在每年随皇帝外出打猎时才可以穿用；第三类是在国事中或战场上立下重大功勋的官员，由皇帝钦赐黄马褂，这种黄马褂可以在平时任何隆重场合穿用，以显示皇恩浩荡。（图1-20）

大清朝最有名气的黄马褂据说是钦差大臣李鸿章所穿的那件。1895年，李鸿章去日本进行《马关条约》谈判，返回驿馆时，遭遇日本刺客袭击，脸部中枪，鲜血直流，染红了黄马褂。在快要晕倒时，李鸿章不忘吩咐随从，一定要把这件染血的黄马褂保管好，不要洗掉血迹。后来面对着斑斑血迹，李鸿章长叹一声说："此血可以报国矣！"他认为这件染血黄马褂是自己的骄傲，足以证明自己精忠报国的一片赤诚之心。

图1-20 身穿黄马褂的英国陆军军官查尔斯·乔治·戈登（Major Charles George Gordon，1833—1885年）

戈登因带领常胜军攻打太平军，被中国皇帝赏赐黄马褂，并得到"中国的戈登"的称号。

风度蔽服

中国服饰

2

华服美饰

——人间的理想

▎谦谦君子，温润如"玉"

著名香港武侠小说家金庸先生，在其开山之作《书剑恩仇录》中曾叙有这样一段情节：清朝乾隆皇帝与红花会总舵主陈家洛一见如故，惺惺相惜之下以玉佩相赠。玉佩上刻字为——"慧极必伤，情深不寿，强极则辱，谦谦君子，温润如玉"。短短的20个字，说尽了男主角陈家洛典型的性格特征。同时，这意味深长的一行文字也是金庸先生自己特别推崇的人生境界。（图2-1）

与西方国家有所不同，东方人向来崇尚温文儒雅的含蓄美。玉石之美，是一种天赋的自然之美，是由内而外

图2-1　清朝的螭龙云纹鸡心佩，长7.7厘米，宽4.6厘米，于北京海淀区索家坟清黑舍里氏墓出土，现存于首都博物馆

该玉佩一面雕螭纹及鸳鸯戏水，一面为依附于祥云之中的凤鸟，以镂空技法琢制，线条细密而流畅。

31

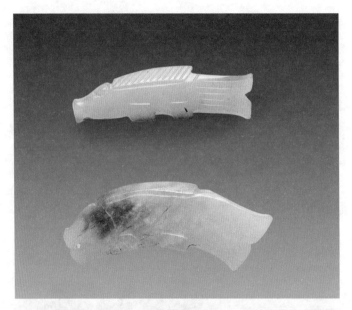

图2-2 鱼形佩

　　玉佩为白玉质，模仿鱼的造型雕刻而成，线条虽然简易，但表现力丝毫不差，纹饰风格有汉代特点。鱼头制作夸张，身体较宽，嘴巴微张，大口厚唇，身体有鳞，鱼首有一圆孔，以系佩绶。

图2-3 汉代螭虎纹佩

　　此器为镂空雕刻，螭虎攀附，吻部突出，双目迷离，身体蜷曲，长尾分叉，四肢伸展矫健，隐隐有飞翔之势。玉器顶部有云纹吊孔，玉质温润洁净，凝白如羊脂。体现了极高的工艺水准。

慢慢透射而出的蕴藏着深沉厚重、柔和含蓄的美。外表温和内敛，而本质却坚刚无限。君子如玉，温和、坚韧、细腻，与人性类似，并息息相通。"谦谦君子，温润如玉"——古往今来，恐怕没有任何一件物什能够像美玉一样得到中国文人的万千宠爱。（图2-2）（图2-3）

　　由于玉材较为难得，加工难度又高，因此在被视为珍宝的同时，更被赋予了深刻含义：玉的"温润而泽"，象征着儒家学说中的"仁"；质地坚固致密而有威严，象征"智"；玉上的斑点掩盖不了其天然美质，也不会去特意掩饰斑点瑕疵，象征"忠"；玉石雕琢成器后整齐地佩挂在身上，象征"礼"……此外，更有一种说法认为玉石能够温暖人，有灵气滋养人，所以从商朝时候起古人就喜欢佩戴各种玉饰品。到了周代，"礼"

图2-4　商朝凤形佩，长13.2厘米，宽7.4厘米，现藏于首都博物馆

　　佩玉质白润，经侵蚀局部泛黄褐色晕斑。用丝锯镂空线刻，呈回首长尾夔凤形，周边为齿状，有四个单面钻成的小孔。两面纹饰相同，精巧写实。

图2-5 金代青玉龟巢荷叶佩，长10厘米，宽7厘米，厚1.3厘米

　　佩为青玉质，温润细腻，一块玉料对剖制成。以浮雕、透雕技法
琢出荷叶、慈姑及水草纹，单阴刻线示叶脉，纹理清晰。荷叶中心各凸
琢一只伸头相向爬行的小龟，以双阴刻线琢出六角形甲纹。背面仅以粗
犷的刀工琢出枝梗。古代将这种纹饰称为"龟游"，寓祥瑞之意。这
对玉佩构思严谨，造型生动，镂刻精细，抛光极好。据墓志知墓主为金
乌古伦窝伦，葬于金大定二十四年（1184年），距今有800余年。

图2-6　金朝绶带鸟衔花
佩，直径6厘米，厚0.5厘
米，出土于丰台区王佐乡
金乌古伦窝伦墓，现藏于
首都博物馆

　　玉佩镂空雕琢出五瓣
形花朵、花蕾、枝叶，叶
脉清晰，叶齿整齐。背面
碾琢粗犷，光素。器物造
型新颖，碾磨精细。

教普及，玉器更被赋予种种美好而丰富的道德寓意，把玉和"礼"联系起来。儒家学说所宣扬的"仁、义、礼、智、信"，其中最重要的内容就是"仁"，人们敬仰那些"仁者爱人"的人，尊他们为"君子"，而"仁"的核心就是"德"。孔子曾经对玉石的11种品德作了详细解说。从此美玉变成了美德的代名词，同时也成为君子规范道德、约束行为的标志。君子对理想道德最高境界的追求，可以比喻为玉石的圣美坚洁；将高尚人格的砥砺磨炼，比喻为美玉的精雕琢磨。因此，才有了"君子以玉比德焉"，"君子无故，玉不去身"等说法。(图2-4)(图2-5)

古人精心雕琢出各种形状的玉器，系上彩色丝带佩戴在身上。根据严格的礼法规定，不同等级的人，需要佩戴不同的玉器。包括其质地、色彩、佩戴场合，以及丝带颜色都有明确规定。其中，"天子佩白玉，公侯佩玄玉，大夫佩水苍玉，世子佩瑜玉，士佩珉"，所有人都要服从这种规定，否则就是犯罪，将予以严惩。这样，"礼"才被真正贯彻下来。(图2-6)

君子佩玉，不仅仅是起到区分等级贵贱的作用，也可以在一定程度上满足人们的审美需要。因为玉器本身色泽温润，质地晶莹，有着欲说还休的含蓄之美，加上丝带装饰，更加色彩斑斓，美轮美奂。并且，人们佩玉而行，玉石之间相互碰撞，会发出清脆悦耳的环佩

图2-7 汉代舞人佩，一般成对出现，两人造型相同，方向相反，呈对称舞蹈姿态

身穿交领广袖长袍，腰间系带，穿喇叭形长裙。脸形圆润，修眉细眼，面带微笑。一臂绕头舒长袖，一臂下垂内弯，身体呈S形，婀娜多姿，优美动人。

图2-8 明朝万历年间的描金云龙玉佩，1957年出土
于北京市昌平县十三陵定陵，现存于国家博物馆

　　玉佩由珩、瑀、玉花、滴、璜及玉珠等以丝线
串联而成，通长为50.5厘米，所有玉片正面均浅刻
云龙纹并描金。

玎玲之声，也是一种听觉享受。古时君子为了让玉佩发出动听声音，在行动之时要从容不迫，举止有度。譬如，前行时身体要微微前倾，像作揖的样子；退后时要稍仰起身体；转身行要符合圆形；拐弯走则要走方形的路线——这样佩玉之声才能清越而有韵。佩戴者也可依据韵律而调节步履缓急，体现出对"礼"的尊重。同时佩玉还可以净化心灵，陶冶灵魂，避免滋生邪念。这就是古人们津津乐道的"鸣玉而行"。（图2-7）（图2-8）

诸多出土资料表明，中国是最早使用玉器的国家，使用历史也最为悠久。大约7000年以前，河姆渡地区就出现了彩石玉玦，在此后几千年时间里，中国的治玉活动从未间断过。此外，日本同处于中华文化圈，自古以来深受中华文化的熏陶，日本人民也喜爱佩戴玉器。但由于日本国土多数地区盛产银器，因此日本的银文化较玉文化更为盛行。

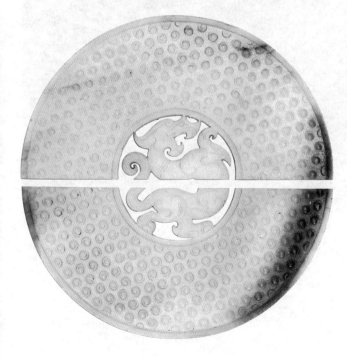

图2-9 战国的螭纹合璧，直径7.6厘米，厚0.4厘米，现藏于北京故宫博物院

玉料为青色，局部有褐色沁痕。扁圆形状，两面纹饰相同。外圈有浮珠雕刻，内圈镂雕一只张口露齿的螭虎，虎首有角，尾弯卷翘起。玉璧由中央平分成两半，原似一件可以分合的信物。

图2-10　兽形玦，红山文化，高16厘米，最宽11厘米，内径2.7厘米，厚2.3厘米，北京市文物公司藏

　　红山文化是距今五六千年前一个在燕山以北、大凌河与西辽河上游流域活动的部落集团创造的农业文化。红山文化玉器是中国新石器时代红山文化遗址中发现的玉器。该玦呈黄绿色，质地润泽。整体呈C形，口微张，大眼炯炯有神，兽首肥大，双耳竖立，吻部前突，鼻间以阴刻线饰多道皱纹，周身光素，背部对穿双孔。该器对研究和认识红山文化玉器具有重要价值。

　　玉文化几乎充溢了中国社会整个历史时期，它记录了人类生活、社会变迁。有关于玉的趣闻，更是丰富多彩，光怪陆离。现代社会里，国人虽已没有了佩戴玉器的习俗，但是人们对玉石的热爱早已根深蒂固。而今人们热衷于收藏玉器，不仅可以增长见识，陶冶性情，还有很高的投资价值。早在2000多年前的战国，就演绎了一出 "完璧归赵" 的动人故事，秦王为了得到赵国的一件"和氏璧"， 居然要以15个城池交换，使玉的价值达到了登峰造极的地步。"黄金有价玉无价"，如今在国内外市场上，玉器价格也是迅速升温、一路上扬，受到各地收藏家的青睐，日益成为拍卖市场上的宠儿。（图2-9）（图2-10）

▌ "冠"与"髻"的对话

中国古代儒家伦理学著作《孝经·开宗明义章》曰:"身体发肤,受之父母,不敢毁伤,孝至始也。"意思是说,人的毛发皮肤来自于父母恩赐,不敢有所损伤,这才是行孝尽孝的开始。如此一来,秉承儒家传统思想,汉族人民无论男女都蓄留长发。并且人们认为头部是身体最重要的部位,因此对于头部装扮格外注重。人们往往把系在头上的饰物叫作"头衣"或者"首服",主要有4种:冠、冕、弁、帻。前3种都是帽子,由皇帝或贵族们佩戴;"帻"是一种头

图2-11 宋太祖像,南薰殿旧藏

宋太祖赵匡胤发动"陈桥兵变",黄袍加身,建立了北宋王朝。图中宋太祖头戴展翅乌纱帽,身穿淡黄色盘领大袖宽衫袍,腰束红色革带,脚穿黑色靴子。整体看来,样式朴素,色彩淡雅。

巾，一般百姓使用。（图2-11）

　　最初的冠帽就是一个罩子，用来固定发髻。奴隶社会以后，随着社会进步，出现冠服制度，帽子种类开始增多，并向多元化方向发展。到了汉朝，有了等级划分，不同身份、场合需要佩戴不同冠帽，并对此有着严格的规定，冠帽成为区别社会等级的重要标志之一。汉代冠帽种类繁多，主要有冕冠、通天冠、长冠、进贤冠、武冠和法冠等。对于帝王而言，在隆重场合，如祭祀大典，要穿冕服戴冕冠，而在朝会和宴会上，则戴通天冠。各级官员在参加祭祀典礼时都要戴长冠，在朝会时有所不同，文官戴进贤冠，武官戴武冠。中国文化里，"冠冕堂皇"这个成语用来形容表面上庄重体面非常气派的样子，虽暗含贬义，但从中仍能看到"冕"和"冠"富丽堂皇的一面。（图2-12）（图2-13）

（图2-14）

图2-12　唐朝彩绘文官俑，陕西醴泉县兴隆村李贞墓出土

　　戴进贤冠、方心曲领，朱衣黄裳。方心曲领是一种饰物，形状上圆下方，挂于颈间，与笏板一起在官员上朝时使用，是朝服特有的饰物。

41

图2-13 《步辇图》局部，此图作者是阎立本。本图描绘的是唐太宗接见来迎娶文成公主的吐蕃使者的情景

　　圆领衫、袍是在古代深衣的基础上发展而来的，是唐代男子主要的服装形式。它的前后身采用直裾，在领子、袖口、衣裾边缘部分都加贴边。在前后裾的下边，常各用一幅布横向拼接，腰部用革带紧束，上戴幞头，下穿长靴。图中的唐太宗和官吏都穿着圆领袍衫，裹着幞头。

图2-14 金翼善冠,明万历年间金质冠饰,出土于定陵。金冠由前
屋、后山(分前后两片)、角三部分组成,通高24厘米,后山高22厘
米,冠高14.7厘米,冠口径20.5厘米,重826克

全部由金丝编结而成,各部分由粗金丝连缀,外面用双股金丝编
结成辫形条带压缝,两个折角单独编制,下部插入长方形管内,后山
镶嵌二龙戏珠。金冠制作工艺高超,纹饰生动有力,是明代金银细工
的精品。

古代女子虽然也有戴帽的，但是相比之下，她们更为注重发髻的制作和装饰，以此来增加仪容的俊美。女子发髻的造型极为富丽多姿，并历代相承，不断变化，有关记载甚多，仅就《髻鬟品》记载就不下百余种。其中流传最广，使用最为普遍的是"椎髻"；最富传奇色彩的是三国时期的"灵蛇髻"；最具有民族特色的是清朝满族女子的"大拉翅"。（图2-15）（图2-16）

"椎髻"因其形状与木棰相似而得名。这种发髻简单实用，在当时不分男女都喜欢梳椎髻，甚至军队中的战士也有梳椎髻的。梳时先将头发束起，绾结成椎，用簪或钗固定即可，也可以盘卷成多

图2-15 《舞乐图》，1972年出土于新疆吐鲁番阿斯塔那张礼臣（655—702年）墓

图中舞伎发绾高髻，额描雄形花钿，红裙拖地，足穿重台履。左手上屈轻拈披帛，可看出挥帛而舞的姿态。右手残损。

图2-16 清朝女子旗头

旗头是清朝满族女子的一种高大而夸张的发饰，以铁架支撑，外罩黑色丝缎，做成扇形头冠，上面装饰有各种各样精美的珠宝首饰，如花朵、花钿等，侧面悬挂流苏。这种发饰具有艳丽而夺目的装饰效果，风韵独特，在清朝满族女子中广为流行。

椎，层层叠起，其变化主要在于发型高低及结椎位置不同而已。据史书载，梁冀之妻孙寿曾经将结椎置于头侧，发髻斜斜呈下堕状，即为著名的"堕马髻"；汉成帝宠妃、赵飞燕的妹妹赵合德入宫时，将结椎卷高，名为"新兴髻"。（图2-17）（图2-18）

"灵蛇髻"相传是由魏文帝皇后甄氏创作。《采兰杂志》记载，甄后刚入宫时，看见宫内有一条绿蛇，口含一颗硕大的红色宝珠，并不伤人，等旁边有人上前想除掉它，绿蛇就突然消失不见了。甄后惊奇之余得到启发，模仿蛇盘绕的样子梳成发髻，每天各不相同，具有巧夺天工之美。对此宫人们虽争相效仿，却始终模仿不了。于是，这种奇特发髻便被称为"灵蛇髻"。

清朝满族女子的传统发式也称"旗头"，主要有"两把头""一字头""软翅头""架子头""大拉翅"等样式。清初女子发髻比较简单，把头发全部往头顶梳起，里面用一根长条形"扁

（上）图2-17　唐代粉彩偏髻女立俑，陕西省师范大学长安区出土，陕西省考古研究院藏品，北京首都博物馆展品

该俑体态丰腴，神色柔和，身着高腰襦裙，头梳偏髻，双手交握，面露笑容，似乎正在聆听什么。

（下）图2-18　唐代粉彩高髻女立俑，陕西省蒲城唐惠陵李宪墓出土，陕西省考古研究院藏品，北京首都博物馆展品

该俑身形健美，神态安详，双手交握于胸前，透出贵族妇女雍容华贵的气度，也充分展现了大唐盛世的繁华与富裕。

图2-19 1871—1872年，北京，梳"两把头"发型的满族女子，英国摄影师约翰·汤姆逊（John Thomson，1837—1921年）摄

她头上的发髻表示她是一位已婚女子。两把头是满族妇女的典型发式，就是把头发束在头顶，分成两绺，在头顶上梳成一个横长式的发髻，用一根长34厘米、宽4厘米的大横簪（又名大扁方），横贯于发髻之中，再将后面的余发绾成一个燕尾式的扁髻，压在后脖领上。

方"支撑起来，梳成一个横着的长形平髻。清咸丰以后，女子发髻逐渐增高，两边角也不断扩大，要戴一顶俗称"大拉翅"的假髻。"大拉翅"一般用金银、玉石或香木等材料做成扇形支架，外罩黑色缎、绒或纱，使用时将它套在头上，再以各式珠宝首饰装点，侧面悬挂流苏。（图2-19）

古人在制作发髻的时候，为了达到理想形状，往往要添加一些假发。最好的假发是真人的头发，其次是黑色丝绒、鬃毛等材料。中国的假发始于周朝，盛行于唐代，明清时期普及到了民间。时至今日，人们都把假发当作一种必不可少的头饰。（图2-20）

46

然而世界上最早使用假发的国家不是中国，而是埃及。由于非洲天气

图2-20 彩绘双鬟望仙髻女舞俑，1985年在陕西长武县
枣元乡郭村张臣合墓出土

　　双鬟望仙髻是一种盛行于唐代的假发髻，在许多古
墓的壁画中都可以看到。

47

图2-21 欧洲男子假发

　　古代欧洲盛行假发，上至国王下至平民都喜欢佩戴假发，假发一度成为欧洲君主政体时代的象征。图中贵族男子披肩假发外戴黑色礼帽，穿白色上衣红色裤子，米色高筒靴，右手执手杖，腰佩长剑，神情骄傲而自信，可见在当时戴假发是一件多么时尚的事儿。

图2-22 欧洲女子假发

　　18世纪的欧洲宫廷流行精巧华美、引人注目的庞大发髻，图中为制作这种高大夸张的发髻，造型师甚至使用了梯子和量角器。看那层层叠叠的假发卷，就像顶着一个大玉米，不知道贵妇人纤细的脖颈能否承受得住这"庞然大物"。

　　炎热，古埃及人习惯把头发、胡须全部剃掉，戴上用羊毛混合真人头发制成的假发、假须。但是这些假的发、须在佩戴时，并非贴紧皮肤，而是要留出一定空隙，尤其在假发下面会有支架撑起一个空间，这样，假发就像帽子一样架空在头顶上方，既有利于空气流通，保持凉爽，又避免了太阳晒伤头部。（图2-21）（图2-22）

　　古代欧洲国家人们同样流行长发，也使用假发制作发髻。与中国不同之处在于，中国古代男子一般头顶绾髻佩戴冠帽，绝少使用假发，而欧洲男性不论国王还是平民都普遍使用假发，甚至于后来假发一度成为欧洲君主政体时代的象征。古代欧洲非常著名的佩戴假发的先锋是法国国王路易十三，据说他是为了掩盖头上的伤疤而使用假发。而后继位的路易十四也因为头发稀疏而佩戴假发，近臣为了讨好国王，也纷纷戴起假发。假发受到王室成员的推崇，很快流行到了民间。1660年，英国国王查理二世从法国流亡归来，重新执政，把这种男士披肩假发传入英国，之后迅速普及，不久便成为17世纪整个欧洲男子的时尚。18世纪的欧洲宫廷盛行高发髻，尤其是中后期，在法国凡尔赛宫的女性中盛行精巧华美、引人注目的庞大发髻。为了制作这种高大发髻，人们需要使用大量的假发和发蜡、发粉及其他装饰品。由于这些发型过于华丽奢靡，在18世纪末期成为法国贵族阶层颓废堕落的象征，在一定程度上促使了法国大革命的爆发。

▍移步生"金莲"

在中国古代，女人裹小脚似乎是天经地义的事儿。中国男人对女人的小脚，就像日本男人对女人的长颈，英国男人对女人的细腰一样，情有独钟。女人裹出来的小脚，往往被称为"三寸金莲"。"金"代表富贵、华美，而"金莲"更是莲花中的珍品，在佛、道两教中象征着善与美。并且缠足之后，脚掌因骨折而弯曲成"弓"状，长度一般只有3—4寸（10—13厘米），脚尖细而脚跟卡，其鞋印如莲花瓣一样精巧细致。因此，常用"三寸金莲"来形容女子小脚之美。（图2-23）

女子裹小脚，也称"缠足"，其起源众说不一，自明清时代便有诸多考证，史学家多半认为其始于五代南唐李后主时期。据元陶宗仪《南村辍耕录·缠足》记载："李后主宫嫔窅娘，纤丽善舞。后主作金莲，高六尺，饰以宝物细带缨络，莲中作品色瑞莲，令窅娘以帛绕脚，令纤小，屈上作新月状，素袜舞云中，回旋有凌云之态……由是人皆效之，以纤弓为妙。"五代时，缠足风气只在宫中出现，而到北宋时，已普遍流行"小脚之美"了。苏轼著名《菩萨蛮》词曰："纤妙说应难，须从掌上看。"辛

图2-23 裹小脚的妇女

　　《笠翁笔记》中曾提到明代有一位姓周的宰相，以千金购一丽人，因脚裹得太小而寸步难移，站都不能站，每次行走都必须别人抱着走，因此得名"抱小姐"。古时女子脚裹得越小越能嫁个好人家，以脚的大小来决定女子的"终身大事"。

图2-24 粉缎地平针盘金绣兰花纹小脚鞋

小脚鞋为缠足女子所穿，又称"弓鞋""半弓"，弓也是古代的计量单位，一拃为一弓（约15厘米）。女子一旦缠足，一辈子都离不开小脚鞋，无论吃饭、睡觉，都要穿着小脚鞋。

图2-25 黄缎地平针绣花卉纹小脚鞋

小脚鞋样式很多，有睡鞋、换脚鞋、踏堂鞋、尖口鞋、莲鞋、棉鞋、套鞋等数百种。这些小脚鞋往往做工考究、样式精美，在鞋头、鞋底、鞋面、鞋里常装饰有各种各样的吉祥图案，有钱人家还会缀上珍珠玛瑙等饰物。

图2-26 红缎地镶花边高跟小脚鞋

缠足现象在清代达到顶峰，不论贫富贵贱，社会各阶层女子都纷纷缠足。"三寸金莲"受到了前所未有的崇拜与关注。妇女的小脚鞋大多颜色鲜艳，以缎做底，上面施以刺绣、镶嵌等各种装饰手法。如图这种红色缎鞋寓意吉祥，在当时非常流行。

弃疾《菩萨蛮》有："淡黄弓样鞋儿小，腰肢只怕风吹倒。"《南村辍耕录》说："熙宁、元丰以前人，犹为者少，近年则人人相效，以不为者为耻也。"自宋朝开始，缠足习俗迅速风行，愈演愈烈，几乎普及到家家户户。明清时期，达到登峰造极的地步。在当时，女子是否缠足，缠得如何，直接影响到未来的婚姻生活。那时社会各阶层的人娶妻，都以脚小为美，脚大为耻。（图2-24）（图2-25）（图2-26）

52　　　　女子一般从五六岁时就要开始缠足，方法是用长长的白棉布条将拇指以外的4个脚趾连同脚掌折断弯向脚心，形成"笋"形的"三寸金莲"。缠足之痛，骨折肉烂，历尽煎熬。俗话说"小脚一双，眼泪一缸"，其惨其痛，可想而知。作家冯骥才在小说《三寸金莲》中有相关描写："奶奶操起菜刀，噗噗给两只大鸡都开了膛。不等血汩出来，两手各抓香莲一只脚，塞进鸡肚子里，又热又烫又黏。眼瞅着奶奶抓住她的脚，先右后左，让开大脚趾，拢着余下四个脚趾，斜向脚掌下边用劲一掰，骨头嘎儿一响，惊得香莲'嗷'一叫，拿脚布裹住四趾，一绕脚心，就上脚背，挂住后脚跟，马上四趾上再裹一道……奶奶不叫她把每种滋味都咂摸过来，干净麻利快，照样缠过两圈。"（图2-27）（图2-28）

　　"三寸金莲"之所以广为流行，是因为它符合古代人们独特的审美习俗。缠足女子因脚骨折断而行走不便，其一步三摇、弱柳扶风的姿态让

图2-28 绣花小脚鞋

　　这种小脚鞋颜色素雅，鞋底较矮，鞋面施以团形云纹刺绣装饰，整体风格稳重质朴，美观大方，多为年纪较长者穿着。

图2-27 蓝缎地打子绣牡丹纹小脚鞋

　　清朝满族妇女的鞋极富特色，多为木质鞋底，一般高5—15厘米，其形状上宽下圆，鞋印像马蹄而称为"马蹄底"。鞋面上往往有花鸟蝶虫等纹样装饰，有的贵族女子还会在上面镶嵌各式珠宝，非常精致华美。

图2-29 19世纪80年代（清光绪年间），大户人家中的女眷合影

清统治者入关以后，曾极力反对女子缠足，然而由于这一习俗充分体现了中国古代独特的审美标准，在男尊女卑的社会中屡禁不止，反而使其在清朝达到了登峰造极的程度。图中女子皆为小脚。

人心生爱怜，迎合了古代男子特殊的审美心态。缠过的小脚被誉为"金莲""香钩""步步生莲花"等，对此古代文人甚至出专著进行阐述。如清代《香莲品藻》，书中就按照小脚的肥瘦、软硬、雅俗之不同而将其分为9个品级。男性的这种审美心态还包含了浓厚的性意识，清朝李渔在《闲情偶寄》中称，缠足的目的在于性的吸引。另外，缠足还被赋予了丰富的道德内涵。儒家传统思想认为女子最高道德标准是"顺从"，要求她们恪守"三从（未嫁从父、既嫁从夫、夫死从子）""四德（品德、辞令、仪态、手艺）"，也因此而设定了女子的外在美削肩、平胸、细腰、窄臀，以及内在美坚忍、服从、善良、温婉、谦和。缠足所带来的身体疼痛能够让女性变得忍让与谦恭，可以让她们的礼教品德最大化升华。另外，缠足还可以禁锢女子的行动范围，因脚小不便于行走，能够防止"红杏出墙"。就如同古埃及的男人不给妻子鞋穿，中世纪欧洲男人为女人制作了"贞操带"。（图2-29）（图2-30）

缠足不仅让女性饱受骨折肉烂之痛，更让其一生步履维艰。实际上，在古代中国，除了少数富裕家庭，多数小脚女子不得不为生计而劳碌奔波，她们所承受的苦难，更为深重。缠足习俗在中国持续了1000多年，直到辛亥革命之后，才得以逐渐废除。（图2-31）

与"三寸金莲"相类似的是西方女子的"紧身胸衣"，为了强调"细腰之美"，西方女性同样需要从幼年时期就开始忍受痛苦，天天禁锢在紧身胸衣中，来获得纤细动人的腰肢。两者在对待传统审美趋向的深层次根源上是一致的，都采用人工方法对女性身体进行束缚，以牺牲女性生理健康为代价，来满足社会畸形的审美观。

图2-30 1918年11月28日，坐在故宫香炉上吸烟休息的小脚老太太

1918年11月11日，第一次世界大战结束，中国成为战胜国。消息传来，人们欣喜若狂。政府规定从14日到16日、28日到30日为举行庆祝活动日。28日政府特开大会庆祝战胜，在故宫太和殿举行盛大的中外军队阅兵式，并鸣礼炮108响。

图2-31 1912年，中国的小脚女人

清康熙帝曾经明令禁止缠足，太平天国也颁布过类似法令，然而该现象早已经根深蒂固，屡禁不止。直到清朝末年，海运开放，西方文明进入中国，在先进知识分子不断的大声疾呼中，缠足风俗才逐步消亡。

云想衣裳花想"容"

所谓"爱美之心，人皆有之"，古代女子虽然没有琳琅满目的化妆品可以选择，然而并不能因此而减弱她们装扮自己的意愿。自古以来，人们挖空心思，发明了各种"天然"化妆品，用来保护肌体或是修饰仪表。古埃及，人们习惯于在身上涂抹油脂来避免皮肤晒伤和蚊虫叮咬，并用蓝绿色孔雀石粉末、淡黑色二氧化锰和黑色硫化铅等调成涂料来勾画眼圈，可以预防眼部疾病和飞虫侵袭（据说当时有种苍蝇，能飞进人眼内产卵）。古希腊，人们以橄榄油调和木炭灰勾画眼线，并在面颊上涂抹蜂蜜用来保湿。中国古代，更是从两千多年前就有了"系列"化妆品。从出土的战国文物便可看出当时已有粉黛及胭脂的使用，在《韩非子·显学篇》也有"脂泽粉黛"记载。到了唐朝，封建社会的鼎盛时期，人们的精神文明和物质文明都达到了前所未有的高度。大唐帝国疆域辽阔、国力强盛、对外交流十分频繁、文化艺术空前繁荣，古代妆饰文化因此呈现出自信开放、雍容华贵、百美竞呈的局面。（图2-32）

唐代女子面部化妆的顺序一般是：敷铅粉、抹胭脂、涂额黄、画黛

图2-32 唐《宫乐图》，轴，绢本，设色，纵48.7厘米，横69.5
厘米，中国台北"故宫博物院"藏

　　此图描绘了后宫妃嫔12人，围坐在巨型方桌旁，演奏乐
曲。这些女子身着色彩亮丽的衫裙，红色的帔子，衣衫上细腻的
纹样清晰可见，头戴绢绸花冠，脸作"三白"妆，眉心饰花钿，
丰腴而冶艳，气度华贵。

眉、点口脂、描面靥（点酒窝）、扫斜红、贴花钿。

　　铅粉色泽洁白，质地细腻，常用于面、颈、胸等裸露部位。古代女性
非常注重肌肤之美，俗语称"一白遮百丑"，为了美白肌肤，甚至有人不
惜冒生命危险，每天服用微量砒霜，以达到"由内而外"的美白效果。胭

脂是古代的唇彩、腮红。原料是一种叫"红蓝"的花朵，从中提取红色染料，加入油脂形成红色脂膏，称为"胭脂"。据说胭脂从商朝时就开始使用了，到汉代以后，胭脂广为流行，女子作红妆者与日俱增，且经久不衰，至唐朝尤胜。历代诗文中关于女子红妆多有描写。如"谁堪览明镜，持许照红妆""红妆束素腰""青娥红粉妆"等。此外，据王仁裕在《开元天宝遗事》中记载，杨贵妃抹了胭脂之后，出的汗水都红腻多香，"色如桃红"。还有王建《宫词》中也有类似描写，说一位年轻宫女由于妆粉胭脂使用过多，在她盥洗之后，脸盆中居然沉淀有一层红色泥浆。此外，胭脂还可以用作唇彩，来"点口脂"。古人习惯以嘴小为美，所谓"樱桃小口一点点"以及"朱唇一点桃花殷"，胭脂可以为口唇增加鲜艳色彩，给人健康、青春之美。

描眉最初产生于战国时期，人们用烧焦的柳枝涂抹眉毛，以加强眉毛形状，并增加其黑度。而后出现一种叫"黛"的藏青色矿物，将之碾碎，以水拌和，作为描眉染料。屈原在《楚辞·大招》中记载："粉白黛黑，施芳泽只。"汉代时，女子描眉更为普遍。《西京杂记》中写道："司马相如妻文君，眉色如望远山，时人效画远山眉。"描写的是一种翠绿色的"远山眉"，该眉形在宋晏几道《六么令》中也有形容："晚来翠眉宫样，巧把远山学。"盛唐时期，则流行一种宽而短的"阔眉"，形如桂叶或蛾翅。画这种眉时，为避免呆板，需要在眉毛边缘处用颜色均匀地晕散，显得自然生动。元稹诗曰"莫画长眉画短眉"，以及李贺诗"新桂如蛾眉"，都是指此。（图2-33）还有一种细而弯的"柳叶眉"，白居易在《长恨歌》中描写"芙蓉如面柳如眉"，在《上阳白发人》中"青黛点眉眉细长"等诗句都是描写的柳叶弯眉。到唐玄宗时更是花样百出，出现各种眉式。为此，玄宗曾下令绘制《十眉画》，列有鸳鸯眉、小山眉、拂烟眉等名目。（图2-34）

　　花钿是一种额饰，用金箔片、黑光纸、云母片、鱼鳃骨等材料剪成花

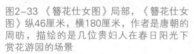

图2-33 《簪花仕女图》局部，《簪花仕女图》纵46厘米，横180厘米，作者是唐朝的周昉，描绘的是几位贵妇人在春日阳光下赏花游园的场景

图中的贵妇身着朱色长裙，外披紫色纱罩衫，上搭朱朦色帔子。头插牡丹花一枝，侧身右倾。她高绾发髻，簪富贵牡丹花，粗而阔的蛾眉，杏眼微眯，显得笑意盎然。

图2-34 《簪花仕女图》局部

立着的贵妇披浅色纱衫，朱红色长裙上饰有紫绿色团花，上搭绘有流动云凤纹样的紫色帔子。蛾眉粗而短状如蛾翅，是当时流行的"阔眉"妆。

朵形状，贴于额头眉间作为装饰。其中以梅花形花钿最为常见，据宋代高承编撰的《事物纪原》引《杂五行书》说，南朝宋武帝的女儿寿阳公主，有一天在含章殿檐下睡觉，吹来一阵清风，树上梅花纷纷飘落，有一朵恰好落于公主额头，成五瓣花，一连几天拂之不去，宫女们觉得此事非常奇异，也开始仿效用"花钿"装饰额头，并称之为"寿阳妆"。同时，寿

59

图2-35 《簪花仕女图》局部

　　图左边是一位髻插荷花、穿传统的高腰石榴红襦裙、身披白格纱衫的贵族女子。侍女执扇相从。贵族女子面部有花钿装饰，右手拈红花一枝，正凝神观赏。女子的纱衣长裙和花髻是当时的盛装。

　　阳公主也很喜欢一种面妆，称为"额黄"，是指在额间的黄色妆饰。李商隐有诗云："寿阳公主嫁时妆，八字宫眉捧额黄。"额黄源于南北朝，流行于唐代。据记载，这种化妆方法的产生与佛教有关。南北朝时，佛教盛行，人们从镏金佛像上受到启发，将额头涂上黄色，并渐成风俗。(图2-35)

　　"描面靥"是指在面颊酒窝处点染胭脂，或像花钿一样，用金箔等物粘贴，作为面部妆饰。"斜红"是在太阳穴部位用胭脂染绘出两道红色月牙形纹饰，时而工整如弯月，时而繁杂如伤痕，属于中晚唐时期的一种时髦妆容。(图2-36)

60

此外，古代女子也流行染指甲，并且方法更为环保。她们把凤仙花红色花瓣摘下，捣碎后取花汁，然后用布料剪成指甲形状，放入花汁中浸泡，再把吸满花汁的布片覆在指甲上，用布条缠紧，这样保持一夜，指甲就会染上凤仙花的红色。第一次颜色较淡，反复几次就会非常鲜艳了，并能够保持几个月不褪色。

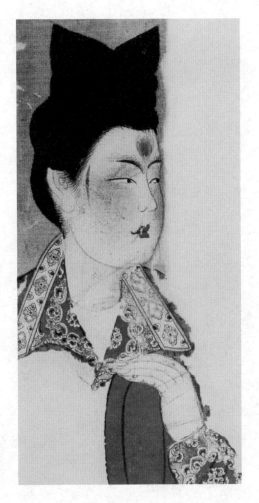

图2-36 《胡服美人图》，佚名，此残片上的人物为舞伎

20世纪初由日本大谷光瑞的"大谷探险队"在阿斯塔那墓中发掘盗走。舞伎穿花团窠锦袖翻领胡服，盛装打扮。其面颊粉白丰腴，柳叶弯眉下扫红色胭脂，额头描花钿，侧脸点斜红，樱唇一点轻轻嘟起，面色沉静，神态端庄。

风度翩眼
中国服饰

3

褒衣博带

—— "君子" 的风度

▌岂曰无衣，与子同"袍"

——古代甲胄文化

　　最近在国内上映的某一历史大片中，三国名将赵云的一身行头一度饱受争议。尤其是在互联网上，很多网友纷纷表示，片中赵云的盔甲造型太像日本武士了。在影片中，赵云戴的头盔是一个带帽檐的圆盔，正中位置有一块突起的装饰物，看起来很像日本头盔上常见的"前立"装饰，所穿着的铠甲也颇有日本风格……目前的确存在这种现象，在某些影视作品中，导演和设计师们在制作盔甲时，往往会采用多种日本的甚至西方国家的造型元素，以取得丰富华美的视觉效果，结果在节目播出之后，常常会在观众中引起诸多的争议。之所以造成这种现象，其原因不仅仅在于导演和设计师们对相关史实知识的缺乏，更重要的在于中国古代甲胄自身资料的贫乏。

　　古代甲胄也称"盔甲"，由"头盔"和"铠甲"组成，在冷兵器时代的战争中是非常重要的防护装备，用来保护将士们的头部和身体。（图3-1）

图3-1 内蒙古出土的战国时期文物——青铜头盔

　　头盔在古代称为"胄""兜鍪"，是战争中用来保护头部的装备。该头盔以青铜铸成，圆形帽盔为主，在顶部有凸起的铜管，用来安插缨饰，整体造型简单、朴实。

　　在中国，历史上由于各个朝代对甲胄文化并没有足够的重视，以至于古代甲胄没有得到良好的保护与传承。并且从宋代开始推行"尚文轻武"的政策……如此，在众多因素的制约之下，中国古代甲胄的面目变得日益模糊，逐渐淹没在历史的尘埃之中。而在日本，盔甲和武器往往作为武士家族高贵血缘的象征，被当作传家之宝而郑重收藏起来。所以，迄今为止，日本在博物馆、神社、私人收藏家中仍然珍藏有数量庞大、保存完好的各个历史时期的盔甲和武器。

　　因此，现如今谈起古代甲胄，现存的藏品中大多数为日本和欧洲的盔甲，而中国古代甲

图3-2 陕西历史博物馆藏秦代石铠甲

　　该甲衣由青灰色质地细密的石片组成，甲片为方形，宽约5厘米，厚度0.5厘米，表面打磨光滑，边缘切割整齐，四周钻有圆形或方形的小孔，用扁铜条连缀在一起，排列整齐，形成密实的甲衣。据专家推测，这些石片虽然坚硬但容易击碎，应该不是实战之物，而是属于模仿实物的冥器。

胄，往往非常罕见。(图3-3)

其实追溯起甲胄的历史，就亚洲国家来说，其发源地最早是在中国。时光可以追溯至5000年前的远古时代，相传古代甲胄是由"蚩尤"发明的。那时，中国人的两个祖先——黄帝和炎帝，正在同蚩尤部落进行着连年不断的战争，目的是争夺中原地区肥沃的土地。蚩尤部落非常善于制作兵器，尤其首领蚩尤更是生性强悍、骁勇善战。他不但教会了人们冶炼钢铁、制作兵器，同时也教会人们用木头、藤条、皮革等做成简陋的

图3-3　陕西西安临潼，秦始皇陵兵马俑，铠甲俑

　　秦始皇陵兵马俑陪葬坑是中国最大的古代军事博物馆，被称为"世界第八大奇迹"。兵马俑以陶烧制而成，最初施以彩绘，后因火烧、深埋于地下经腐蚀等原因而色彩脱落，变成了灰色。俑身穿铠甲，右臂前屈，右手做持长兵状，威武挺立，神态英武。

图3-4　魏晋南北朝时期的双层甲胄骑马俑

　　魏晋南北朝时期，士兵普遍穿明光铠，往往人、马皆穿甲胄，称为"甲骑具装"。战马所披铠甲叫"具装"，能够保护马匹的头、颈、胸、腹、臀等身体重点部位。据说北魏政权就是鲜卑族将士用这种"甲骑具装"的重骑兵扫荡了中原地区而建立的。

图3-5 顺治锁子棉盔甲，上衣长73厘米，下裳长71厘米，盔高32厘米，直径22厘米，此盔甲为顺治皇帝御用

甲为上衣下裳式，蓝地人字纹锦面，石青缎缘，月白绸里，外布镀金铜钉。盔为铁质，镂饰金累丝云龙纹和如意云纹，盔上饰4道金梁，各嵌饰一条镂金累丝降龙（缺一），金饰上镶嵌珊瑚珠、青金石、绿松石、螺钿珠、珍珠等，管顶嵌一颗东珠；盔搭护耳、护颈，左右耳处有镂空升龙金圆花；护肩接衣处饰镂空金累丝云龙纹及八宝吉祥图案，并镶嵌珊瑚珠、珍珠、青金石、绿松石等；上衣前胸部悬一圆形护心镜，镜周边镂饰金累丝云龙纹。

甲衣，用来防止禽兽的伤害，抵御敌人的攻击，这就是甲胄的起源。而蚩尤则被后人尊称为"兵主""战神"，受到世世代代的供奉和缅怀。

早期的盔帽和铠甲是用皮革缝制的，皮革甲的材料主要有犀牛皮、野牛皮等。有时候还要在铠甲的表面涂上不同的颜色，用来识别战争中双方军队的身份，并且鲜艳的色彩也可以鼓舞士气，激励战士勇猛战斗。这些牢固、美观、耐用的甲衣色彩绚烂、颜色分明，配上迎风招展的旗帜，组成了威严的军阵。后来随着金属冶炼技术的兴起，钢铁兵器在战争中逐渐被广泛地应用，这些锋利的刀刃也进一步促成了金属铠甲的出现，并进一步取代了皮革铠甲。

古代著名的铠甲主要有三国时期广泛盛行的"裲裆铠"和魏晋时期开始出现的"明光铠"。（图3-4）

裲裆铠是三国时期出现的新型铠甲，与现在人们穿着的"背心"或者"坎肩"非常相似。这种铠甲没有衣袖，只在前胸和后背处有两片金属护甲，肩头用绳子或带子连接。为了防止坚硬的甲片擦伤肌肤，战士们一般会在铠甲里面穿一件厚实的棉布衫，叫作"裲裆衫"。后来这种铠甲从军事领域演

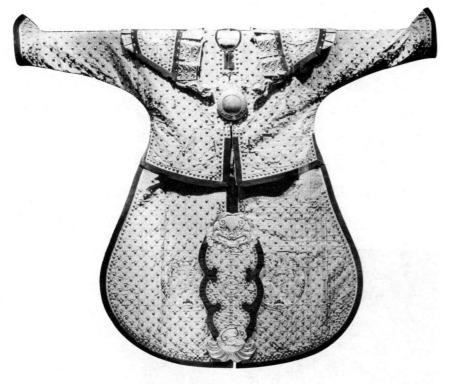

图3-6 锁纹绣蟒织金锦战袍，清代晚期（1821—1911年），上海美特斯邦威服饰博物馆

　　此袍上身为无领对襟甲衣，甲衣上装有护肩，护肩下有护腋，甲衣前胸为护心镜，腹部有前裆，腰左侧处有左裆，下配甲裳，左右两片，前后分衩。两幅围裳之间，覆有虎蔽膝，属绵甲，为将军上战场时所穿甲胄。

变到民间，逐渐变成现在的背心和坎肩了。"明光铠"是中国古代一种非常重要的铠甲类型。这种铠甲最为重要的特征是在前胸、后背的部位装有两片椭圆形的金属护甲。这种金属护甲经过打磨，在阳光照耀之下会像镜子一样反射出耀眼的光芒。战士们穿着这种铠甲，在战场上非常醒目，能够给敌人非常巨大的震撼作用和威慑力。（图3-5）（图3-6）

　　日本盔甲很大程度上借鉴了中国汉唐时期的甲胄特点。尤其是8世纪前半叶的奈良王朝，其盔甲样式与中国南北朝时期的"裲裆铠"非常相似。然而，随着后来各自向不同的方向发展，日本逐渐形成了具有自己民族特色的盔甲形制。

由于日本地处山地，战争类型多为运动战，因此多用竹木、藤条、皮革等轻便的材质混合少量铁皮做成盔甲，虽然样式精美绝伦，然而在防护性上比中国盔甲稍逊一筹。此外日本盔甲还有一种特色，就是要佩戴上狰狞恐怖的面具和华丽夸张的头饰，主要是在战场上起到威慑作用，这点与

图3-7 清朝郎世宁绘《乾隆皇帝着大阅胄甲骑马像》

清高宗爱新觉罗·弘历（1711—1799年），雍正帝第四子，年号乾隆，清军入关后第四位皇帝。装饰华贵的御用甲胄用料考究、做工精细，主要用于皇帝大阅典礼。这套甲胄虽然已经有两百多年的历史，由于保存完好，至今仍然色彩鲜明。

中国的"明光铠"有些类似。据说在历史上的某次战争中，日本武士戴上这些面具和头饰，在黑夜里看起来非常狰狞恐怖，就像从天而降的一群牛鬼蛇神，以至于对方将士们纷纷丢盔弃甲，不战而逃。

在同样拥有悠久历史的欧洲国家，由于骑士精神的盛行，因此古代的甲胄文化一直作为国家民族精神的代表而得到很好的保护与传承。早在前8世纪至19世纪的时候，盔甲已经在古希腊、古罗马、拜占庭、俄罗斯及英法骑兵中被广泛地使用。早期欧洲的铠甲是一种用活动锁环连接起来的锁子甲；而后出现了"鳞片甲"，这种甲衣用皮革或厚布料做成，里层钉有鱼鳞形状的铁片，在外面是看不见铁片的；后来又出现了另外一种更为坚硬的钢甲——大白盔甲，它可以把骑士的躯干、四肢和主要关节部位全部保护起来，更加具有防护作用，所以逐渐取代了鳞片甲。用这种大白盔甲装备起来的骑士团，在15世纪的欧洲达到了顶峰。与中国甲胄文化不同之处在于，欧洲骑士的铠甲和盾牌上往往装饰着非常醒目的家徽图案，用来识别身份。

时至今日，古时的甲胄历经沧桑，经过了多重的演变，早已经面目全非。然而由于其良好的功能特点，仍然在某些领域被广泛使用，例如军事装备中的钢盔和防弹背心，以及体育赛事里赛车手的保护头盔……尤其是在大型网络游戏中，作为游戏角色晋级的装备，受到众多玩家的追捧与热爱，古代盔甲在虚拟世界中焕发了新的生机与活力。（图3-7）

总而言之，中国的甲胄作为古代文明的载体，作为中华民族的瑰宝，等待着我们去进一步探寻其精华，希望有朝一日，能够以其蓬勃的生命力向世界展现出更为博大精深的中国甲胄文化。

▌ 意味深长话"深衣"

在北京举办奥运会之前，有关中国代表团的礼仪服饰曾经在各界引起热议：汉服、唐装、中山装、西服……每种服饰都有着深厚的历史沉淀，哪一种更能代表中国？人们对此争论不休。与此同时，一些立志于复兴华夏文化的民间人士提出将"深衣"作为代表中华民族的礼仪服装，并提出采用"作揖"的形式欢迎来自世界各地的朋友。该提议得到了海内外专家学者及文化界人士的众多支持。他们认为，中国不仅要展现与世界相同的一面，更要展现其独具风采的一面。奥运会无论在哪国举行，都应尽力展现本国的独特风采。中国传统服装——深衣，不仅历史悠久，而且寓意深刻，最能体现传统文化中 "天人合一""包容万物"的精神，因此，深衣是奥运会礼仪服饰的最佳选择。虽然也有人持反对意见，但是对深衣是"最能体现华夏文化内涵"的传统服装这一观点，人们毫无例外均表认同。

深衣是中国最为古老的服饰形制之一，它最早始于周代，是古代诸侯、官员燕居之服，也是普通百姓的日常服装。（图3-8）

图3-8 东晋顾恺之《列女图》（又名《列女仁智图》）
局部

　　图画内容为汉代刘向《列女传》人物故事，内容为
赞颂标榜妇女的明智与美德。今天所见的是忠实原作最
佳的宋人摹本。图中间女子身穿杂裾垂髾女服。

图3-9 龙凤虎纹绣罗禅衣局
部，1982年湖北省江陵市马山
一号墓出土，荆州地区博物馆
藏

　　龙凤虎纹绣罗禅衣长192
厘米，袖通长274厘米。此款由
两个对称的花纹单位组成菱形
图案，菱花长38厘米，沿四边
用褐色和金黄色丝线各绣一龙
一凤；中央绣对向双龙和背向
双虎，虎身斑纹红黑相间，整
个图案表现出龙飞凤舞的环境
和斑斓猛虎穿跃其间的生动景
象，给人华丽神奇的感觉。

　　说起深衣名称的由来，唐代孔颖达《礼记正
义》疏认为："此深衣衣裳相连，被体深邃，故
谓之深衣。"意思是说，深衣不同于上衣下裳制
的冕服，而是上下连属的样式，有点像现在的连
衣裙。但是这种衣服在剪裁时，仍然按照传统观
念，把上下衣服分开剪裁，然后再缝合在一起，
以此来表示对祖宗法规的尊重。深衣在穿着时能
够将人体遮蔽得非常严密，很具有实用性。并且
人们对深衣的每个部分都赋予了深刻寓意，因
此，深衣，即为"深意"。（图3-9）

　　深衣的上下连体制，体现了古代"天人合
一"的传统哲学理念。"天"指自然，"人"
指人文，象征自然界与人类社会的和谐相处，

71

饱含中国文化所特有的中庸情结。并且，深衣的每一部分都蕴含"深意"，表达了人们的各种美好寄托。儒家理论认为，圆形袖子称为"规"，有天道圆融如规之意；方形领口称为"矩"，代表地道方正如矩，两者合称为"规矩"。掌握规矩的人一般是统治阶层，所以人们希望当权者能够勇于奉献，并合乎准则。在深衣后背的领子下方正中处有一条直缝，贯穿上衣下裳，垂直通达地面，象征穿着者要像绳子一样诚实正直。深衣由上衣下裳分别裁剪然后缝合，象征阴阳两仪合为一统。上衣用4块面料，象征四季轮回；下裳由12幅面料拼合，象征12个月。古代传统的"五法"——规、矩、绳、权、衡表现在深衣上，是希望穿着者要公正无私、正直坦诚、心气平和、富有修养。总之，深衣是最能体现华夏文化精神的服装样式，蕴含着天人合一，恢宏大度、公平正直、包容万物的东方美德。

深衣以"曲裾深衣"为主要代表，其典型之处为"续衽钩边"。"衽"指衣襟，"续衽"指将衣襟接长。"钩边"形容衣襟缠绕的样式，即所谓的"曲裾"。（图3-10）具体来说，是指在裁制时，要把左衣襟裁出一片三角形，这样在穿着时可以将三角形绕至背后，用带子于腰间系扎，衣襟下摆就呈现出曲线形状。之所以会出现这种款式，主要是因为早期的裤子只有两条裤腿，没有

图3-10　江苏徐州铜山汉墓出土陶俑，穿曲裾深衣的妇女

深衣最大特点就是"续衽钩边"，"续衽"指将衣襟接长，"钩边"形容衣襟缠绕的样式。曲裾深衣的左片衣襟接长，加长后的衣襟形成三角形，经过背后绕到前襟，腰部用带系扎。穿曲裾深衣可以遮蔽里面的内衣，显得仪态庄重，合乎礼仪。

裤裆，内衣样式也不完善。因此只好让衣襟多缠绕几圈，这样就能够使身体既可以深藏不露，又显得雍容典雅。曲裾深衣一般用柔软的白色棉、麻布制成，再用挺括的锦缎缘边。"缘边"是指在衣襟处装饰有彩色花边，随着曲裾盘旋缠裹在身上，可以增添美感。深衣的领子是一种领口较低的交领样式，穿着时往往要故意露出里面衣服的几层不同颜色、不同质地的领子，既舒适又美观，因此深衣也被称为"三重衣"。（图3-11）

"杂裾垂髾服"属于深衣的一种，是一款特色女服，流行于魏晋南北朝时期。该款式与传统深衣样式有所不同，其典型之处为"纤髾"装饰。"纤"是一种上宽下尖三角形布片，层层叠加，固定在衣服下摆，作为装饰。"髾"是从腰间伸出来的长飘带，通常用轻柔飘逸的丝织物制成。由于飘带较长，行动间长丝带随风飘舞，就像燕子在空中飞舞，极富动感和韵律感，使穿着者充满了灵动的气质。

深衣作为华夏民族文化的重要载体之一，也深切影响到周边国家。例如，日本和服，就是对深衣的模仿。时至今天，日本人仍叫和服为"吴服"，即指从中国吴地传来的服装。日本和服经历漫长的历史演变，逐渐形成自己的民族特色：不同于中国古代深衣上俭下丰、圆袖方领的特点，和服的线条都是直线形的，袖子也是方方直直的造型；女式和服腰带则更为宽大。

图3-11 西汉深衣女陶俑

深衣是汉代流行的服式，男女皆可穿，通身紧窄，长可拖地，下摆一般呈喇叭状，行不露足，衣袖有宽窄两式，袖口镶边，衣领为交领，以便露出里衣，又称"三重衣"。

▌旧时光阴，袍服风采

　　袍服，是中国古代最基本的服装形制之一，也是内涵最为丰富的一类服装。它以简单、实用、美观的特点取代了先秦时期的深衣，成为中国服饰史上应用最为普遍的服装。传统的袍服不同于质料轻薄的禅衣、宽大飘逸的大袖衫或精干利落的褂子，它质料厚实，装饰华丽，款式严谨规矩，造型沉稳端庄，非常符合古代达官贵人及文人士大夫追求儒雅气质的需求，因此在中国历史上长期备受青睐。（图3-12）

　　秦汉时期，袍服基本样式为：交领或鸡心坦领；袖身宽大呈圆弧形，称为"袂"；袖口收敛，称为"祛"；领、袖处有花边装饰；直腰身，长度过膝，一般有衬里。初时作为内衣穿着，后逐渐外穿，并日益考究，直至演变为礼服。汉代袍服主要有曲裾和直裾两种样式，分别流行于不同的年代。西汉及以前主要是曲裾袍，款式与深衣类似，只是衣长较短。东汉出现直裾袍，也叫"襜褕"。由于有裆裤逐渐取代了无裆裤，因此款式更为简洁的直裾袍逐渐取代了曲裾袍，成为新的流行时尚。隋唐时，袍服成为男子官服，当时典型装束为：身穿圆领袍服，头戴幞头，腰系蹀躞带，

74

图3-12 顾恺之《列女图》局部，戴卷梁冠、穿袍服的贵族男子（中间）

魏晋南北朝时期的文人讲究形体清瘦，与当时佛教的"秀骨清像"风格相一致。然而他们却喜欢穿肥大衣衫，追求飘逸之美。有风吹来时，自然"飘如浮云，矫若游龙"。

图3-13 四合云地柿蒂窠过肩蟒装花缎袍，此蟒袍为明正德年间皇家珍品，1961年出土于北京南苑苇子坑夏儒夫妻墓，现藏于首都博物馆

蟒袍形制为斜襟、右衽，衣长141厘米，通袖长266厘米，胸围120厘米。蟒袍前胸后背装饰有蟒纹，蟒首在前胸主要部位，两袖各有一条长53厘米，宽14厘米的直袖蟒。蟒袍下摆分为前、后、底三大幅。

75

脚蹬皮靴。这时的袍服较秦汉时期最为显著的变化在领口位置，由交领变为圆领，开口较小，袖子更加窄瘦，整体更为简练、适体，带有北方游牧民族特征。宋代袍服种类愈加丰富，除了交领、圆领，还出现了直领对襟样式的袍服，称为"鹤氅"。明代袍服沿袭唐宋旧制。（图3-13）清朝是袍服发展的高峰期，男装的长袍马褂，女装的旗袍，都属于袍服种类。（图3-14）

袍服自汉代上升至正规礼服以后，其地位始终不可替代。上至帝王、高官，下到平民百姓，皆穿袍服。（图3-15）

帝王所穿袍服叫"龙袍"，一般为明黄色。自960年，宋太祖赵匡胤发动陈桥兵变，所谓"黄袍加身"，建立了大宋，于是龙袍也被称为"黄袍"。龙袍上绣有纹章图案，历代有所不同。如清朝皇帝的龙袍为圆领窄袖，右衽大襟，马蹄袖口，四开裾式长袍，明黄色，用缂丝或刺绣制作金

图3-14 慈禧太后（1835—1908年），又称"西太后""老佛爷"，那拉氏，祖居叶赫（今四平），故称叶赫那拉氏，乳名兰儿，满洲镶蓝旗人，清咸丰帝之妃，同治、光绪两朝实际最高统治者

图为慈禧太后穿旗袍、梳旗头，手执折扇照片。

图3-15 《〈洛神赋〉图》局部，卷轴，绢本设色，27.1厘米×572.8
厘米，宋代摹本，东晋顾恺之，北京故宫博物院藏

　　画中内容为曹植和随从在洛水边，其中有戴梁冠、穿衫子的文
吏。魏晋风度，其最高境界就是"飘然若仙"。虽然羽化成仙、长生
不死的愿望难以实现，然而魏晋的士人却擅长以现实的服饰去模拟神
仙风采。身形清瘦，似乎可驾云踏水；褒衣博带，飘逸若空中行舟。

龙九条，再装饰十二章纹，间以五色云纹、蝙蝠纹，下幅装饰八宝立水，
隐喻为山河一统。领子前后、马蹄袖口、左右及交襟处各饰正龙一条。领
和袖均用石青色镶织金缎边饰。（图3-16）（图3-17）

　　东汉时，将袍服定为官员的公服和朝服。此后，官袍便成为古代社会
权力地位的象征。唐武则天时期在文武官员袍服上施绣"禽兽"图案来表

77

图3-16 清朝康熙皇帝朝服像

图3-17 孝哲毅皇后朝服像，同治皇后（1854—1873年），阿鲁特氏，满洲正蓝旗，谥号孝哲毅皇后

清圣祖爱新觉罗·玄烨（1654—1722年），年号康熙，顺治皇帝第三子，清军入关后第二位皇帝。清代皇帝的服饰分为礼服和常服两大类，朝服是主要礼服之一。图中的康熙皇帝头戴镶东珠夏朝冠，身着明黄色彩云金龙十二章夏朝服，颈项挂东珠朝珠，腰系明黄色四块瓦圆朝带，脚下穿石青缎厚底朝靴，端坐于金漆雕龙宝座之上。清代皇帝的朝服保留了具有满族风格的披肩和马蹄袖。

皇后头戴凤冠，身穿朝服，表情严肃，仪态端庄。与皇帝朝服不同之处在于，皇后朝服的肩部与朝褂处需加缘边装饰，披领和袖子用石青色，没有十二章纹饰，上面装饰的龙纹也分布不同。

明级别大小，是谓"补服"起源。宋代官袍对饰襕、佩绶、围鞓等有明确规定。元代官袍以纹样大小来区别官阶。明朝洪武年间出现补子制度，称为"补服"。此外官袍按级别品位还有斗牛服、飞鱼服、蟒袍、麒麟袍等称呼，分别绣有相应的装饰图案。清代官袍袖子为"马蹄袖（俗称龙吞口）"，下摆一般为四开衩，作为行装的袍叫"行袍"，其右侧衣襟需裁短一尺以方便骑乘，因此也称"缺襟袍"。此外还有种款式叫"蟒袍"，庄重华美，寓意丰富，作为官员吉服使用。（图3-18）

图3-18 官员蟒袍

蟒袍又称"花衣"，因袍上绣有蟒纹而得名，为王侯将相等身份高贵之人所穿用的礼服。"蟒袍加身"是古代士大夫们的最高理想，意味着位极人臣、荣华富贵。蟒袍在明代是官员的朝服，到了清代才放宽限制，士大夫皆可穿着，只是在颜色及蟒数上有所区别。

袍服不仅外观端庄严谨，更富有深厚的文化内涵。除了其前胸后背处缀入的补子外，在龙袍、蟒袍下摆处，还常绣有斜向排列的线条装饰，叫作"水脚"。上面既有波涛翻滚的水浪，又有山石宝物，俗称"江牙海水"。海水分为立水和平水，袍服最下摆条状斜纹叫"立水"；而江牙下面鳞状波浪称"平水"。海水即为"海潮"，取"潮"与"朝"谐音，所以，海水为官服专用纹饰。江牙又称江芽、姜芽，即山头重叠，寓意江山永固、吉祥绵延。（图3-19）

实际上，袍服并非中国古代特有的服饰，在西方古希腊古罗马时期，欧洲人也曾穿着袍服，并同样"以袍为贵"。如古罗马的"托加"（Toga），只有罗马市民才有资格穿用。人们身份地位越高，其袍衣就越庞大繁重。有的"托加"长达6米，而奴隶只能用小块面料缠裹身体，或者直接裸体。之后自395年，东西罗马分裂，西罗马在北方日耳曼民族统治之下，其袍服被上衣下裤所取代，并逐渐变得合体，走上了与中国袍服完全不同的发展道路。

图3-19 明黄云龙妆花缎袍

　　为清朝皇帝夏朝服，其形式大致类似于冬朝服，唯有服色不同，有明黄、蓝、月白三色。图中夏朝服为明黄色，有黑色缘边镶嵌，全身各处施以飞翔盘旋的龙纹，其间还绣有蝙蝠纹、云纹、章纹等吉祥图案。下摆处是"江牙海水"，寓意为福山寿海、洪福齐天。

81

▎漫话"犊鼻裈"

"犊鼻裈"这个怪词儿，乍一看可能会非常纳闷，这个……跟牛鼻子有关系吗？其实"犊鼻裈"是古时的一种短裤，类似于现在的三角裤。由于这种短裤上宽下窄，加上裤腿的两个开口，整体看起来很像牛鼻子，因此得名"犊鼻裈"。（图3-20）

说起犊鼻裈，史上最有名的当属西汉著名辞赋家司马相如所穿的

图3-20　南宋牡丹花罗开裆裤，福州黄昇墓出土实物。裤长为87厘米，腰宽11.7厘米，裆深36厘米，腿宽28厘米，脚宽27厘米

裤子面料为花罗，提花纹样为富贵牡丹。牡丹花素有"国色天香"的美誉，是荣华富贵的象征，是唐宋以来吉祥纹样中最为常用的题材之一。

图3-21 19世纪中期，红云纹暗花绸五彩绣花鸟纹女开裆裤

清朝满族妇女流行穿一种实用性很强的"套裤"，用来抵御严寒。套裤不是完整的裤子，仅有两条裤腿，上端以带子相连，穿的时候套在其他裤子的外面，腰部系好带子，这样可以加厚腿部的遮护，起到保暖的作用。此外，由于清代女装多为长及膝盖的袍服，膝下便会露出一截套裤，因此常用精美的刺绣纹样加以装点。

犊鼻裈了。据说司马相如之所以能与卓文君成就一段才子佳人的姻缘，其中，犊鼻裈发挥了重要作用。当时，司马相如在西蜀（今四川地区）是一名无业游民，虽才华满腹，却无施展之处，生活贫困潦倒，勉强度日。而卓文君的父亲却是全国冶铁业的大亨，卓家在西蜀地区是首屈一指的富贵人家。富家女卓文君不仅年轻貌美，而且才华横溢，是当地出名的才女。有一天，卓家宴请亲朋好友，也邀请了司马相如前往赴宴。难得一次开怀畅饮，司马相如饱食之后，遂借酒兴弹了一曲《凤求凰》。而卓文君久慕相如文采，此时恰好新寡在家，听完曲子后对相如更是钦佩，不禁悄然萌动爱慕之心。而司马相如亦久闻文君芳名，两人见面顿觉情投意合，相见恨晚。然而由于贫富相距悬殊，所谓"门不当，户不对"，卓老爷不同意这门亲事。无奈之下，两人只好携手私奔。婚后他们白手起家，开了一家酒铺。昔日的娇小姐卓文君此时也换上粗布衣服，亲自卖酒，司马相如更是经常穿着犊鼻裈洗涤酒器，里外忙活。卓老爷本来就对两人私奔之事气愤不已，又听闻女儿抛头露面在酒肆卖酒，而女婿只穿一条短裤在酒店干活，觉得真是颜面尽失，尴尬异常，不得不承认两人的婚事。可以说，"犊鼻裈"在此事上起到"推波助澜"的作用，而后司马相如的"犊鼻裈"也随即声名远扬了。（图3-21）

古代除了短裤"犊鼻裈"之外，也有其他款式的裤子。最早的裤子叫"袴"，出现在春秋时期。《说文解字》上说："袴，胫衣也"。这种裤子只有两条裤腿，没有前后裆，只到膝盖部位。古时称小腿为"胫"，"袴"也叫"胫衣"。穿上它可以保护膝盖和小腿，尤其在冬天具有保暖作用。"袴"外面穿"上衣下裳"，这样就可以很好地将全身遮盖起来。"袴"和"裳"是汉族人民的传统服饰，北方游牧民族则穿有裆的长裤，叫"大袴"，便于骑马。战国时，赵武灵王推行"胡服骑射"，"大袴"被传入中原地区，当时多用于军旅，而后流传至民间。"大袴"虽然有裆，却并未缝合，类似于现在小孩的"开裆裤"。（图3-22）直到西汉时，才出现了裤裆系带的"绲裆裤"，也叫"穷裤"。据史书载，汉昭帝时，大将霍光专权，为了让外孙女上官皇后尽快诞下皇子，以巩固家族地

图3-22 河南巩县陶瓷工厂出土的唐中期三彩牵马俑

赵武灵王推行"胡服骑射"之后，满裆裤"裈"传入中原，最初流行于军队，汉代时流行于民间。到了开放的唐朝，盛行穿"胡服"，胡人指北方少数民族，习惯穿长裤，则人人皆以穿裤为荣。图中人物戴幞头，穿圆领窄袖衣，外穿翻领半臂衫，下穿裤、长靴。

位，霍光串通太医和御前宦官，以"保重龙体"为名，令宫女妃嫔们穿上合裆的"穷裤"，其实是阻挠皇帝与其他女子亲近。（图3-23）（图3-24）

　　"旧时王谢堂前燕，飞入寻常百姓家"，随后"穷裤"逐渐在民间流行起来。时至今日，裤子已经发展得相当完备，并由于其方便舒适兼具实

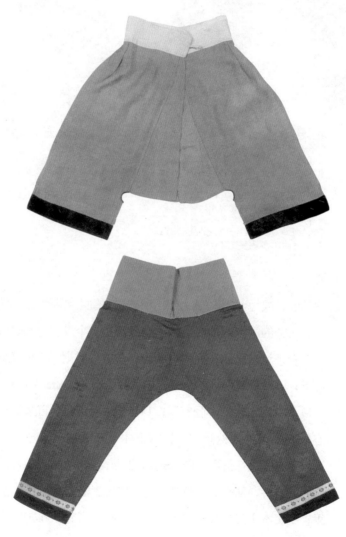

图3-23　绿云纹暗花罗女开裆裤，裤长55厘米，腰围64厘米

　　面料为云纹暗花罗，腰头为白色棉布，寓意为"白头到老"。两侧及后面有褶裥，裆部有本色滚边，靠近裤脚处为黑色滚边，裤脚为黑缎斜裁镶边，既结实耐用又美观大方。

图3-24　19世纪末20世纪初，大红花卉纹暗花绸满裆裤

　　清朝后期，女性在衫裙之内往往要穿满裆裤，此时裤腿已经收小，有时与小脚鞋配穿，外加"裹腿"，既方便行动，又防止冷风吹入裤腿，抵挡风寒。尤其是清末时期，女子上衣变短，这种收腿的满裆裤几乎变为外裤，所以用料更为讲究，装饰更为细致。

图3-25 19世纪末20世纪初，湖蓝梅兰竹菊纹暗花缎满裆裤，裤长94厘米，腰围104厘米，腰头高22厘米，裤脚宽30厘米

裤身面料为蓝色暗花缎，上面有梅兰竹菊花纹，腰头为黑白横纹棉布。裤脚有黑色镶边，五彩绣花卉纹样，另有两道绿色机织花边和一条粉红底彩色花纹栏杆花边，做工非常精巧细腻。

图3-26 20世纪前期，蓝地花绸女丝绵裤

清末民初，女子袍服变短，更为紧身适体，下面需穿长裤。到了秋冬时节，为了保暖御寒，要穿棉裤。该丝棉裤腰头为毛蓝布，裤身面料为蓝色绸缎，银灰花卉纹，毛蓝布衬里，丝绵夹里。

用功能，成为现代人们生活中不可或缺的服装品类之一。（图3-25）（图3-26）

在别的国家或地区，裤子也经历了一个发展过程，最初占埃及人只用缠腰布来遮羞蔽体；而后古希腊、古罗马时期，人们宽大的衣服里也没有裤子；随着日耳曼人的到来，出现裤子布莱（Braies）作为男性内衣穿着，类似于中国古代的"胫衣"；14世纪中叶以后，随着基督教势力衰弱，西方人的服装越来越倾向于显露形体，布莱越来越短，最后成为遮羞的内裤，穿在长筒袜肖斯（Chausses）里面，裤形就像中国的"犊鼻裤"。之后出现紧身裤，从无裆到有裆，又发展为半截裤搭配长袜穿着，流行了近400年，到资本主义兴起，才出现近代长裤庞塔龙（Pantalon）。随着封建等级制度的消亡，西方奢靡华丽的贵族情趣也随之消失，取而代之为实用主义盛行。新兴资产阶级追求简洁庄重的服装款式，采用简单长裤来代替之前裤、袜搭配穿着的烦琐。

中国人的审美趣味是通过服装来表现人的精神风貌，而并非身体结构，因此中国的裤子往往采用直线剪裁，以体现穿着者宽松飘逸的气质；（图3-27）而西方社会从古典时期开始就有崇尚健美身体的传统，西方裤子更强调人体曲线，使用曲线裁剪，来展现人体自然流畅的腿部线条。并且，中国古代裤子一般不作为外衣穿着。裤子是否外穿，是一种身份的标志。上层阶级为了维护自身利益，往往穿宽衣大袖的服装来显示自己的身份地位，以区别于普通劳动者方便劳作的衣裤组合。西方裤子最初也是作为内衣穿着，随着社会发展，到14世纪中期，主流社会逐渐接受将裤子作为外衣穿用。西方人穿裤子主要是为了炫耀自己的财富、地位以及男性个人魅力，因此西方裤子普遍制作精美，装饰豪奢，富有审美情趣。

图3-27 清代妇女服饰

在乾嘉以后妇女以大襟右衽上衣、直筒裤为女子的日常服饰。此时女子裤腿较为宽大，用料讲究，装饰细腻，在颜色、纹饰、缘边等方面往往与上衣相呼应，宽大的裤腿可以挡住下面的小脚鞋，举止婀娜。

87

风度华服

中国服饰

4

霓裳羽衣

——美服冠天下

▍ "裙"拖六幅湘江水

　　古人穿裙的历史，要远远长于穿裤的历史。如原始人的树叶裙、兽皮裙，古埃及人的麻布筒裙，克里特岛人的钟形裙，古希腊人的褶裙，苏美尔人的羊毛裙，古印度雅利安人的纱丽裙等。中国关于裙的历史，更是源远流长，从黄帝"垂衣裳而天下治"即为穿裙之始。东周时的"深衣"，为现代连衣裙的雏形。两汉以后，穿裙者渐多，裙的样式也有所增多，出现上襦下裙的样式，也称"襦裙"。隋唐之后，裙的种类愈加丰富多彩，美不胜收。宋代在程朱理学影响之下，裙子风格恬静淡雅，并出现压住裙幅的"玉环绶"饰品。明清时代，裙子幅面增宽，装饰华丽至极。到了近代，由于国际交流的畅通，各国之间互相学习借鉴，裙子品种日益丰富。

　　古代虽有所谓"上衣下裳"制，男女通用，然而男子更愿意称之为"裳"，以区别于女子裙装。"裙"一般与短上衣"襦"同穿，称为"襦裙"。襦裙是中国古代汉族女子最基本的服装样式之一。襦裙，从战国时期开始，到清朝初年结束，前后历经了2000多年的历史，尽管不同时期在长短宽窄上会有变化，但是基本能够保持"上襦下裙"的样式。具体说

图4-1　唐朝张萱《捣练图》局部，妇女穿齐胸襦裙

　　《捣练图》卷是一幅工笔重设色画，表现贵族妇女捣练缝衣的工作场面。选图描绘的是4个人以木杵捣练的情景，她们都穿着当时流行的齐胸襦裙，裙子齐胸，可以拉长身体，遮盖身体的缺陷。

来，"襦"是一种衣身短小、袖子窄长的"小"衣服，一般有交领和直领两种款式，交领比较常见。（图4-1）所谓"交领"是指领口外观像字母"y"形，系向身体右侧，叫作"右衽"，方向不能相反。"直领"是中心对称的领口样式，一般需要搭配抹胸或肚兜（内衣）穿着。短小上襦和飘逸长裙形成一种"上紧下松"的服装形式，呈现出黄金分割的比例，具有丰富的美学内涵。女子穿着起来，显得非常端庄娴雅，透露着雅致的东方古典之美。因此，襦裙得到汉族人民的广泛喜爱，并且它还影响到亚洲的其他国家。譬如，在韩国和朝鲜，传统朝鲜族女子服装就是受汉族襦裙影响，由被称为"赤古里"（Jeogori）的短小上襦和高腰长裙组成。（图4-2）

　　古代女裙款式繁多，色彩丰富艳丽。红、紫、黄、绿、蓝等各种颜

图4-2 2001年，天池边
着朝鲜服装的姑娘

韩服的样式据说源于
中国明朝女子的襦裙，也
分为上襦下裙。上襦为斜
襟襟短衣，小灯笼袖，以丝
带结襻系合；下裙为高腰
长裙。清朝以后，汉服在
中国逐渐消失，而韩服则
在明代襦裙基础上继续发
展，在一些细节上已经有
所不同，直至发展为如今
的韩服样式。

色争奇斗艳，亮丽夺目。（图4-3）其中以红色最为常用，当时流行的"石榴裙"就是一种红裙，由一种叫"萱草"的植物染成，也叫"萱裙"。它色彩鲜艳，就像五月火红的石榴花，能衬托出年轻女子娇媚动人的气质。唐人有诗云"眉黛夺得萱草色，红裙妒杀石榴花"，以及白居易诗"钿头银篦击节碎，血色罗裙翻酒污"，指的都是石榴裙。其由来传说与唐朝杨贵妃有关，传说杨贵妃非常喜爱石榴花，不但喜欢观赏，也喜欢穿绣满

图4-3 清代红缎绣龙凤纹马面裙，长158厘米，宽172厘米

马面裙共有4个裙门，两两重合，侧面有裥，中间裙门重合而成的面，俗称为"马面"。马面裙源于明朝或更早，一直延续至民国，是传统女裙中很重要的一种。明代马面裙样式简单，装饰较少。清代则装饰繁杂，褶子细致，或有镶边，并且非常重视马面，多用精美刺绣装饰。

图4-4 众侍女，唐代墓室壁画，陕西乾县乾陵永泰公主墓出土

永泰公主名李仙蕙，唐中宗李显之女，大足元年（701年）被武则天赐死，与驸马武延基合葬于乾陵旁。壁画描绘的是唐代宫女的生活情景。为首一人头梳高髻，上身着窄袖短衫，外加披巾，下穿长裙，双手叉于腹前，脚穿云头履。

石榴花的红裙。唐明皇为讨得美人欢心，就在华清池、王母祠等地区大面积栽种石榴花。每年五月，春光明媚，石榴花竞相绽放，唐明皇便在火红的石榴花丛中大摆筵席，宴请群臣。由于杨贵妃集"三千宠爱"于一身，使得唐明皇日日"承欢侍宴"，不问国事，不理朝纲，大臣对此敢怒不敢言，不敢当面指责皇上，只得迁怒于杨贵妃，对她拒不行礼。有一次，唐明皇又设宴与群臣共饮，席间邀请杨贵妃歌舞助兴，然而杨贵妃却悄声说道："这些臣子多数对臣妾侧目而视，不行礼，不恭敬，我不愿意为他们献舞。"唐明皇听了之后，才明白原来杨贵妃受了委屈，于是立即下令，要求所有文武官员，见了杨贵妃一律下跪行礼，否则，便进行严惩。诸位大臣无奈，此后，但凡见到杨贵妃穿着石榴裙走来，无不纷纷下跪行礼……于是便有了"拜倒在石榴裙下"这样一个典故，至今流传。（图4-4）

唐代还有一款著名长裙——"百鸟裙"，据说专为安乐公主所做。百鸟裙，先汇集百鸟羽毛捻成线，同丝一起织成面料，而后做成裙子，极富观赏价值。裙子颜色会随欣赏角度的不同、光亮程度的不同而发生变化。从正面看是一色，侧面看又是一色；在日光下是一色，没日光时又是一色。并且随着人的走动，宽大的裙摆飘飘荡荡，隐隐约约可以折射出各种鸟的形状，非常美艳亮丽。

　　古代女裙的另一特点就是宽大、飘逸，一般由多个裙片拼合而成。唐代李群玉诗"裙拖六幅湘江水，鬓耸巫山一段云"，前半句说的就是六幅女裙。六幅相当于3米，用3米布料做一条裙子，可见其宽大程度。由于所用面料较多，就会形成很多褶皱，称为"百叠""千褶"。今天，我们仍沿用这些称呼，称多褶裙为"百褶裙"。（图4-5）

图4-5 民国白彝族老土布衣服百褶裙，江苏南京博物院馆藏

　　百褶裙是彝族、苗族、侗族等少数民族妇女常穿的一种裙子，流行于滇、黔、蜀等地区。云南彝族地区的百褶裙，一般用两至三种不同颜色的面料缝合而成。如图白彝族老土布百褶裙就有深浅两种颜色的面料，褶子均匀细致，下摆有刺绣装饰，配以白棉布镶黑边的短袖上衣，朴素大方。

93

▎绚烂多彩的"时世装"

翻开中国历代服饰艺术画册，细细浏览，在诸多五彩缤纷的章节中，最令人惊艳的，恐怕仍然是盛唐时期的女子服饰艺术。那花样繁多的款式、典雅华美的色调以及富丽堂皇的风格，为中国古代服饰史谱写了浓墨重彩的一笔。（图4-6）（图4-7）

盛唐时期，经济繁荣，疆域辽阔，中外交流频繁。长安是当时亚洲的经济

图4-6 唐朝石椁浅雕宫女复原图，陕西乾县懿德太子墓出土

图中女子头戴凤冠，下垂玉珠步摇，身穿白色低胸博袖衫，着红色长裙，身袖上有鸾凤一对，形象丰满，雍容华贵。

94

文化中心，也是一个国际化大都市，除了汉人，还有来自于回鹘、日本、新罗、波斯、印度等国家和地区的人民。民族融合以及东西方文化的交流促使唐朝服饰呈现出开放、多元和浪漫的色彩，尤其是女子服饰，更是大胆吸收借鉴各种外来服饰特点，创造出一些奇异多姿的"时尚"风格。

　　女子襦裙装发展到唐代更趋大胆、开放，"裙装袒露，展示人体美"是唐朝女子服饰特色之一。唐朝上襦领口有多种变化，除了圆领、方领、斜领和鸡心领等样式外，还出现了露出胸前乳沟的"袒领"，得以充分展现女子曼妙的颈部曲线和丰满的胸部。唐诗中"二八花钿，胸前如雪脸如花"，"慢束罗裙半露胸"以及"粉胸半掩凝暗雪"都是对这种袒胸装的形象描述。周昉《簪花仕女图》中所描绘的贵妇们头梳高髻，簪富贵之花，体态丰腴婀娜，神情闲淡，身披薄如蝉翼的"大袖纱罗衫"，衫下着高腰长裙，显得仪态万方，风姿绰约，颇具雍容华贵之气。（图4-8）

图4-7　唐朝张萱《虢国夫人游春图》局部

　　画中妇女的服饰体现出大唐天宝年间不同种族、国家间的相互交流和融合以及各民族之间在风俗、服饰等方面的借鉴和吸收。其中4人（包括女孩）穿襦裙、披帛，另外1人穿男式圆领袍衫。虢国夫人身穿淡青色窄袖上襦，肩搭白色披帛，下着描有金花的红裙，裙下露出绣鞋上面的红色绚履。

图4-8　《簪花仕女图》局部

　　图中女子身着高腰曳地的大幅长裙，手臂裸露，披透明纱衣，外罩大袖衫，头簪素淡的芍药花，右手轻捏一只蝴蝶，侧身顾盼，不胜娇羞。

图4-9 唐代三彩女扮男装扭腰俑，陕西历史博物馆藏

三彩男装女俑出土于西安市郊的一座唐代墓穴中。该俑头戴幞头，身穿圆领宽袖长袍，松松地系着腰带。仔细看她，面容俊俏，头微微侧转着，弯弯两道柳叶眉下，双眸顾盼生情，鼻梁高挺，樱桃小口，面若桃花，双臂轻舞广袖，腰身扭摆，姿态婀娜，分明是一位身着男装的妙龄女子。

大唐曾盛行的另一种时尚为"女着男装"。女子穿男装，今天看来是司空见惯的事，然而在礼教森严的古代社会，却是难以想象的。依照儒家男尊女卑的传统思想，女子是绝对不能穿男装的。但是在唐代，尤其是开元、天宝年间，由于社会开放包容，女性相对拥有较高的自由度，因此，才得以出现女着男装现象，并广为流行。（图4-9）据《新唐书·五行志》记载，唐高宗和武后有一次在宫中宴饮，太平公主穿紫衫，系玉带，戴皂罗折上巾，腰上挂纷、砺七事，歌舞于帝前。高宗看到太平公主着男装并未责怪，只是笑问，女子不能做武官，为何这般装束？可见是对此事给予了默许。《永乐大典》引《唐语林》记载说，唐武宗的宠妃王才人身材高大，与武宗身材相仿，武宗常和王才人穿同样的衣服在苑中骑马狩猎，左右官员往往误奏于王才人前，武宗以之为乐。上有所好，下必效之。于是宫女们也纷纷不约而同地穿起

图4-10 唐三彩男装女俑，河南洛阳博物馆藏

女子男式胡服装扮，腰束跨带，头裹幞头，幞头下仍然露出高高的发髻，身体侧斜，两眼微眯，笑意盎然，柳眉细眼，小嘴红唇，秀美俏丽中别有一番英俊倜傥的风度。它们造型生动，服饰华美，充分反映了绚烂多彩的大唐服饰文化。

了幞头袍衫，并将这股风头吹到了民间，至此"女着男装"成为一种时尚。（图4-10）

在唐朝诸多新颖的"时世装"中，胡服是影响最为巨大的一种。自从西汉"丝绸之路"开辟后，中国和中亚及欧洲国家之间往来迅速增加，不仅促进了贸易的发展，也增进了文化交流。因此，这里的"胡"并非单指西域少数民族，还包含印度、波斯、阿拉伯等广大地区。而"胡服"则泛指汉族以外的异族服装。胡服传入中国最早始于赵武灵王的"胡服骑射"改革。胡服不同于汉族的宽衣博带，其特征为：窄袖短衣，衣长齐膝，合裆长裤，腰束革带，有带钩，穿靴，便于骑射活动。因其简便实用，很快从军队传至民间，成为普通百姓的日常服饰。（图4-11）

在唐代贞观至开元年间，胡服开始在妇女中流行，其中最典型的是"回鹘装"。回鹘是现在维吾尔族的前身，在唐朝时与汉族人民来往密切。这种回鹘装外观与长袍相似，只是袍身较为宽大，下长拖地；翻领窄袖，领、袖处有宽阔镶边装饰；梳椎状回鹘髻，戴金玉首饰；脚穿软底笏头鞋。这种装束得到了许多汉族妇女的喜爱，尤其在宫廷中广为流行。如，后蜀女诗人花蕊夫人在其《宫词》中曾有句："明朝腊日官家出，随驾先须点内人。回鹘

图4-11 唐朝彩绘翻领胡服汉人骑马俑，1984年出土于河南省偃师县杏园村，现存于北京大学博物馆

该俑头戴幞头，身穿翻领胡服，窄袖长裤，腰束跨带，双手半抬做持缰状；看面容，方脸大耳，眉宽鼻阔，双目圆睁，好一个英姿飒爽的男子汉。

97

衣装回鹘马，就中偏称小腰身。" （图4-12）

在唐代，胡服之所以如此盛行，很大原因在于当时"胡舞"的流行。胡舞种类非常丰富，白居易《长恨歌》中所记"霓裳羽衣舞"即为胡舞的一种，此外还有胡腾舞、胡旋舞等。人们在跳胡舞时，要穿胡服并化胡妆。如，跳胡腾舞，唐代诗人刘言史有诗"织成蕃帽虚顶尖，细叠毛胡衫双袖小"，说的就是舞者戴尖顶的"蕃帽"，穿细布制成的窄袖衣。帽子上一般缀有珠宝，舞动时会闪闪发光。腰带上佩小铃铛，会随着舞者旋转跳跃而发出清脆悦耳的声音，以增加舞蹈的节奏感。在跳霓裳羽衣舞的时候，要穿一件缀满羽毛的衣裙，在裙摆处镶嵌有白色闪光花纹，舞蹈起来衣袂飘飘，香风习习，甚为美观。

开放宽松、和谐包容的社会氛围开启了唐人创新、开拓的精神，也造就了富丽典雅、雍容华贵的大唐盛世衣冠形制。而唐代女子服饰，就像璀璨星河中一颗耀眼的明星，不仅为灿烂的唐文化增添了光彩，也影响着后世历代女子的服饰生活与文化。

图4-12 唐朝戴笠帽骑马女俑

笠帽通常是由藤条编成，再装一圈丝网，还有的用皂纱缀于帽檐上，下垂以便遮蔽面部或全身。女子外出戴上帽子，既可以遮蔽面容，不让路人窥视，又可以防风防尘，实用性强而又潇洒轻便。

▎ "凤冠霞帔"与广袖"褙子"

　　凤冠是古代皇后妃嫔的一种礼冠，以金属丝网为骨架外罩黑色纱罗制作而成，上面装饰有各种金银珍宝做成的"凤凰"样式，两侧垂挂珠宝流苏。(图4-13)在中国神话中，"凤"类似于"龙"，是一种神异动物，象征富贵、智慧与吉祥。《尔雅·释鸟》中描述凤凰为：鸡头、燕颔、蛇颈、龟背、鱼尾，五彩色，高六尺许。自汉代以来，凤凰以其优雅气质与富丽姿态成为中国皇权的象征，用于皇后妃嫔服饰。宋代正式将凤冠列入冠服制度。据《宋史·舆服志》记载，宋代后妃在受册、朝谒景灵宫等隆重场合，需戴凤冠。冠上饰有九翚四凤，另有首饰花九株，小花若干株，冠下附两博鬓。明代凤冠有两种形式：一种是后妃所戴礼冠，以金丝编成，点缀有九龙四凤及各种珠翠饰件，龙凤嘴中还常常衔着珠花，下垂至肩头部位；另一种是普通命妇所戴彩冠，不能缀龙凤，只能用珠翟（珠子制作的长尾野鸡）、花钗、宝石等做装饰，但习惯上也称它为凤冠。(图4-14)

　　霞帔是一种帔子，也称"霞披"或"披帛"，因为被人们比喻成美丽的彩霞，所以有了"霞帔"之称。它的形状像两条彩练，绕过头颈，披挂

图4-13 十二龙九凤冠，1958年出土于北京定陵地下宫殿，现藏于定陵博物馆

　　万历帝孝靖皇后的十二龙九凤冠，骄龙或昂首升腾，或四足直立，或行走，或奔驰，姿态各异；龙下方是展翅飞翔的翠凤。龙凤均口衔珠宝串饰，下部饰珠花，每朵中心镶嵌宝石1—9块不等，每块周围绕珠串一圈或两圈……全冠共有宝石121块，珍珠3588颗，华贵异常。

图4-14 明代孝端皇后凤冠，北京故宫博物院珍宝馆馆藏文物

　　孝端皇后是万历帝的皇后，凤冠是皇后礼帽，在接受册封、谒拜祖先、参加朝会时佩戴。此凤冠以髹漆细竹丝编制，通体饰翠鸟羽毛点翠的如意云片，18朵以珍珠、宝石所制的梅花环绕其间。冠前部饰有对称的翠蓝色飞凤一对。冠顶部等距排列金丝编制的金龙3条，其中左右两条口衔珠宝流苏。冠后部饰6扇珍珠、宝石制成的博鬓，呈扇形左右分开。冠口沿镶嵌红宝石组成的花朵一周。

在胸前，下垂一颗金玉坠子。每条霞帔长五尺七寸，宽三寸二分，两端为三角形，上面绣花，以纹样区分品级，明朝时作为命妇礼服。霞帔纹样随品级差别而有所不同：一、二品命妇霞帔，用蹙金绣云霞翟鸟纹，缀花金坠子；三、四品霞帔，绣云霞孔雀纹，缀花金坠子；五品霞帔，绣云霞鸳鸯纹，缀花镀金银坠子；六、七品绣云霞练鹊纹，缀花银坠子；八、九品绣缠枝花纹，缀花银坠子。霞帔在清代时演变为宽阔的背心样式，中间缀有补子，下摆有彩色流苏装饰。从实物看，妇女所用补子较男子略小，一般为24—28厘米见方，并且仅有鸟纹没有兽纹，取其"女性贤淑，不宜尚武"之意。（图4-15）

　　自古以来，中国历代王朝都有严格的冠服制度，凤冠霞帔是后妃、命妇的礼服，只能在隆重场合穿戴。此外按照华夏礼仪，大礼可摄胜，即祭礼、婚礼等场合可以向上越级，不算僭越。因此平民女子可以在婚嫁或葬

图4-15 清朝霞帔

　　霞帔是宋以来贵妇的命服，式样纹饰随品级高低而有区别，类似百官的补服。到了清代，胸前、背后缀以补子，下摆缀以五彩垂缘。补子纹样只织绣禽鸟，而不用兽纹。此款肩、领外饰以如意纹，边缘施金绣，当胸处施以补纹，腰胯处有行龙两条相对，下饰海水江牙，其中杂以仙鹤、凤凰、鹌鹑等禽鸟纹样，以及寿桃、荷花、灵芝、牡丹、蝙蝠等。龙纹之间饰以火珠，取"金龙戏珠"之意。色彩丰富和谐，以青莲色为底，云纹用普蓝、浅蓝、月白三晕色，龙纹用金、红两色。补纹中以及肩、腰、胯的左右两侧饰以禽鸟。下摆处海水江牙纹以黄、白色调显于诸色之前，龙纹、火纹、花卉以金、红两色居第二，云纹等蓝色为第三，底色青莲最隐晦居四，共4层色彩，丰富而分明，繁复而不杂乱。

图4-16 清乾隆"奉天诰命"金凤冠，南京博物院藏，出土于清朝一品官员两江总督李卫家族墓中，为李夫人死后佩戴之物

凤冠上有"奉天诰命"，装饰有大量宝石，还镶嵌有一颗红色碧玺，通"凤冠霞帔"之意，显示了李夫人高贵的身份。

殓之时穿戴凤冠霞帔。（图4-16）（图4-17）

女子结婚时穿戴凤冠霞帔的习俗曾经持续了约800年之久，直到1949年后才逐渐消失。对此在江浙地区流传有一个动人的传说：北宋末年，金兵南下侵犯宋朝国土，康王赵构不敌，只好逃奔江南。过钱塘江后，金兵仍穷追不舍。逃至宁海西店前金村，赵构累得气喘吁吁，发现路边有座破庙，一位村姑正在庙前晒谷，赵构便向村姑求救。村姑急中生智，赶紧让他藏在晒谷箩里，自己则坐在上面，继续翻晒谷子，得以瞒过金兵，救下

图4-17　六龙三凤冠，1958年出土于北京定陵地下宫殿，现藏于定陵博物馆，冠通高35.5厘米，口径为19—20厘米，博鬓长31.8厘米，宽8厘米，重2905克

　　上面有6条用金丝编织的龙雄踞于上，昂首欲腾；3只用翠鸟的羽毛粘贴的凤屈居于下，扑展双翅，妖娆若飞。其上龙凤均口衔珠宝串饰，立在满是大小不同的用珍珠宝石缀编的牡丹花、点翠的如意云及花树之间。冠后的6扇博鬓，左右分开，如五彩缤纷展开的凤尾。全冠珠光宝气，富丽堂皇。

赵构。赵构能够死里逃生，自然感激万分，千恩万谢之余，对村姑许下诺言，今后若能登上大宝，她就可以在出嫁那天，像"娘娘"一样穿戴凤冠霞帔举办婚礼。果然，不久之后，赵构受到增援。历经外逃的重重磨难，赵构对曾施恩于己的人心怀感激，尤其是破庙前的那位村姑，曾施巧计救过自己性命，当时许下的诺言仍然铭记在心，于是便下御旨赐予村姑"娘娘"封号，使其可以在出嫁时享受穿戴凤冠霞帔的荣耀，同时也重建了那座破庙，并亲笔题名"皇封庙"。之后周边村落的姑娘们出嫁时也纷纷仿效着穿戴起凤冠霞帔，逐渐形成一种风俗，蔓延至江浙地区……这就是人们所传颂的"江浙女子尽封王"的故事。

明代冠服制度明确规定凤冠霞帔主要由凤冠、霞帔、大袖衫及褙子组成。其中，褙子是一种由半臂和中单演变而来的上衣，一般作为外衣穿着。之所以称为"褙子"，相传是由于褙子原本是婢妾之服，而婢妾一般都侍立于主人背后，因此称之为"褙子"。

褙子始于隋唐时期，盛行于宋、明两代。早期褙子衣身较短，半袖或无袖，色彩绚丽夺目，彰显出雍容华贵的隋唐风采。到了宋代，褙子流行广泛，已发展至多种款式，男女都可穿用。男款褙子属于便服，而女款褙子则适用于各种场合。另外褙子长度有所增加，袖子也加宽至大于衫，加长至与裙齐，腋下出现开衩，并垂有两条带子作为装饰。在结构上采用衣袖相连的裁剪方式，款式左右对称，在领、袖、大襟边缘和腰、下摆处往往使用镶边、刺绣、印金、彩绘等工艺，装饰有牡丹、山茶、梅花、百合等图案，整体清丽典雅，端庄和谐。明代褙子承袭宋代色彩淡雅素净，衣袖有宽有窄。由于褙子腋下开衩，便于行走，并且不紧不松、不严不露，穿着宽松舒适，因此在宋、明两代，从宫廷到民间得以逐渐流行。

▌ 龙凤呈祥话"心衣"

——古代内衣文化

　　心衣，并非一个香艳的名字，描述的却是一种香艳的衣衫——中国古代内衣。在不同历史时期，内衣称呼不同，并且别具特色。具体说来，汉朝时内衣被称为"心衣"，只有前片，没有后片，用带子系在背后。之后两晋出现"裲裆"，有前后片，类似于现在的背心，是从北方游牧民族流传而来的款式。唐朝叫"诃子"，由于国风开放，唐女普遍流行高腰裙装，腰线提升至胸部，上身只穿短小的"诃子"，双肩裸露，无肩带，外披一件轻薄透明的纱罗，这样装扮可以使身材比例接近黄金分割，并且"诃子"装饰精美，色彩华丽，肌肤在透明轻纱掩映之下若隐若现，性感而优雅。宋朝称为"抹胸"，色彩淡雅，纹样素净。到元代，内衣有了一个煽情的名字叫"合欢襟"，其特色之处在于：后背裸露，以细带相连，无肩带，穿着时在胸前以纽扣或带子系结。明代叫"主腰"，外形与现代背心相似，特点是腰侧有系带可形成明显收腰，突显玲珑身段。清朝时"兜肚"成为内衣代名词，不仅女性穿着，后来发展为全国人民普遍穿着

的服饰形制。（图4-18）

兜肚的普及，除了其遮羞蔽体的作用，更重要的在于它还具有保健功能。穿上它可以保护胸、腹部免受风寒侵袭，并且还可以在兜肚夹层里填充香料和药品，当作香囊使用，因此穿兜肚的人越来越多。尤其在中国西北地区，不论男女老幼，人们一年四季祖祖辈辈都离不开兜肚。据说孩子尚未出生时，母亲就开始为宝宝准备红兜肚；孩子出生后，每年生日都会收到长辈们送的兜肚；结婚之后，会有媳妇年年做兜肚；到老年，则会收到儿孙们送的兜肚以求健康长寿保平安……如此年复一年，日复一日，人的一生都离不开兜肚的呵护。（图4-19）

兜肚由于贴身穿着，往往用舒适

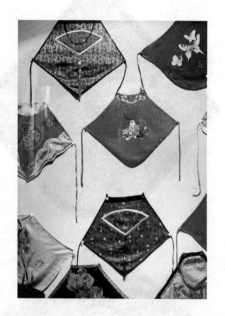

图4-18 瑞蚨祥布店丝绸展馆陈列的兜肚，周村大街，山东省周村古商业街区

兜肚是中国传统服饰中的贴身内衣，用来保护胸、腹部位免受风寒侵袭。其形状多为正方形或长方形，去一角，成半圆形作为领，下角有的为尖角形，有的是圆弧形。兜肚上面往往绣有吉祥图案装饰，如"连生贵子""凤穿牡丹""喜鹊登梅"等。

的棉布或丝绸面料制作。颜色上，则以红色居多，代表吉祥如意。此外还有翠绿、淡蓝、鹅黄等等各种鲜艳颜色。并且兜肚上通常会装饰有色彩缤纷的吉祥图案，不仅能增添视觉美感，起到装饰作用，还有更为深层次的意义——人们赋予这些图案以深刻的象征性，借此来表达祥瑞平安的愿望。（图4-20）

兜肚的吉祥图案非常丰富，除了花鸟虫鱼等动植物图案以外，还有来自于神话故事或风俗传说中的人物纹样。（图4-21）具体说，首先是祈福、辟邪纹样，多用于小孩兜肚上。最常见的是老虎图案，希望孩子像小老虎一

图4-19 红缎地打子绣狮子滚绣球兜肚

兜肚采用打子绣手法，绣有"长命百岁"的长命锁纹样，表达人们祈盼平安长寿的心愿。打子绣属于点绣类针法，是中国最古老的刺绣针法之一。做法是引金线出底面后，用针尖在靠近底面的线端绕线一周，成一小环，然后打小环钉住，即成一粒"子"，子粒排列要均匀致密，以不露底为宜。

图4-20 兜肚

红色的绸缎上绣有"连（莲）生贵子"图案，这是中国最为常见的吉祥图案之一。如图身穿红色兜肚的可爱白胖童子怀抱鲤鱼跃起于莲花之上，既有"连（莲）生贵子"的谐音，又有鲤鱼跳龙门的典故。

图4-21 红布地打子绣牛郎织女兜肚

牛郎织女是中国古老的神话故事，在汉代即已流传。相传牛郎织女是一对夫妻，由于触犯了天条而被迫分居于银河两岸，每年只有农历七月初七的夜晚，两人才能通过喜鹊搭成的鹊桥相会。民间常常将牛郎织女的故事作为刺绣纹样，以求赐予美满的姻缘。

图4-22 绛缎地平针绣虎镇五毒兜肚

　　"五毒"指蝎、蛇、蜈蚣、壁虎、蟾蜍。中国民俗认为农历五月是毒虫肆虐的日子，百虫复萌，瘟病易起。而传说中虎能食百鬼，因此民间常常以虎震慑五毒，用以辟邪。图中这件兜肚将五毒的形象拟人化，头部及上身以彩衣女子代替，下半身仍是毒虫形象，使得作品妙趣横生，别具特色。

图4-23 红缎地平针绣开光平安富贵兜肚

　　主题纹样为"瓶花牡丹"，牡丹象征富贵，"瓶"取谐音"平安"，两者结合寓意"平安富贵"。此外还有蝴蝶、石榴、莲花、桂花等纹样，有"蝶恋花""留（榴）开得子（籽）"以及"连（莲）生贵（桂）子"的美好含义。

109

图4-24 36个身着各式兜肚的姑娘的群舞

　　用华丽与简约的理念解构服装未来风，以全新手法强调民俗，是"兜肚"出现的理由。一根细线牵住颈部，两条丝带束住细腰，小小的兜肚，让年轻女孩把美好的青春展现无遗。兜肚，这样简单的东西，却把女性的柔美、性感等各种特质以一种合适的方式展示着，就如周敦颐《爱莲说》中所称赞的"香远益清"，独具风味，是民族特色的代表。

样虎虎生威、茁壮成长。也有的人家会把长命锁镶嵌在小孩的红兜肚上，祈求能带来好运气，保佑孩子长命百岁。(图4-22) 其次是用来表达喜庆祥瑞的吉祥图案，人们借此表达幸福生活、健康长寿、多子多福、升官发财等美好愿望。例如，"喜鹊登梅"寓示喜事降临；"凤穿牡丹"——凤凰是百鸟之王，牡丹是富贵之花——寓意为富贵祥瑞；"五福同寿"由五只蝙蝠和"寿"字组合而成，由于"蝠"和"福"同音，借此来祝愿老人多福多寿。(图4-23) 在陕西某些地区，兜肚很有特色，形状像个葫芦，刺绣纹样也多为葫芦、南瓜，原因是该地区的先民曾经在某段历史时期把葫芦、南瓜当作主食，并且这些农作物种子较多，人们借此来象征多子多福。另外，兜肚作为女子内衣贴身穿着，极富隐私性，因此情人们常常借助兜肚来表达绵绵爱意，寄托幸福美满的愿望。例如，未婚女子的兜肚上往往会绣上一男一女两个人物，寓意未来能与心上人成双成对、相亲相爱，但是男子脸部是空着的，直到新婚之夜才可以为男子绣上五官，表示终身有了伴侣，爱情有所托付，心愿已经达成的意思。而在新婚夫妻的兜肚上，常常绣着鸳鸯戏水、龙凤呈祥、早生贵子、麒麟送子等吉祥图案，象征着夫妻恩爱，美满幸福。（图4-24）

纵观中国内衣史，发现古代内衣虽然装饰繁多，然而款式较少，大致皆为前片护胸、腹，后面系带样式，直到近现代才受到西方内衣文化影响，产生了巨大变化；而西方内衣发展要复杂很多，从衬衣到束衣，再到紧身胸衣，直到胸罩的产生，款式变化很大。相对于中国古代内衣文化的"藏"，西方内衣文化更注重"显"。为了突出高胸、细腰和丰臀的曲线之美，西方妇女不惜一切代价把身体禁锢在紧身胸衣里，时间长达300年之久。（图4-25）特别是在19世纪，妇女们用紧身胸衣和裙撑把身体塑造成极端的"S"造型，服装的形式美发展到了登峰造极的地步，紧身胸衣成为中产阶级和上层妇女必不可少的时髦标志。直到一战时期紧身胸衣才得以废除，转而让位于简便适用的胸罩。

图4-25 穿紧身胸衣的妇女

19世纪紧身胸衣非常流行，腰线回归到自然位置，女装继续向束缚身材的方向发展，紧身胸衣和克里诺林（crinoline）裙撑是整形的必备用具。前面用紧身胸衣把胸部托起、腹部压平，同时与后凸的臀垫和拖裙形成对比。

111

风度霓裳
中国服饰

5

中西合璧

——走向新世纪的服装

▍西风东渐之"中山装"

长期以来，中国古代男子均以峨冠博带、宽袍大袖的服装为美，到清朝时，又留起了长辫子，戴上了瓜皮帽，换上了长袍马褂，这样一直持续到1911年，孙中山领导的辛亥革命爆发，推翻了中国最后一个封建王朝，废除帝制，建立了中华民国。自此后，中国的社会形态产生了质的改变，彻底结束了几千年来封建王朝的统治，历来具有意识形态作用的服饰文化也不可避免地遭遇了一场变革，逐渐革除了满族剃发梳辫习俗和汉族妇女的缠足陋习，同时也废弃了千百年来以衣冠"昭名分、辨等威"的传统习惯及规章制度。

自鸦片战争以来，中国进入近代社会，随着西方列强的入侵，西洋文化东渐，对国内人们生活的影响也越来越大，中西合璧的服饰或纯西式的服饰逐渐进入到中国人的生活中，衣冠服饰发生了巨大变化。当时很多新派人物改穿西服，并且由于服饰领域不断推陈出新，逐渐出现了以洋装为代表的新潮流。与此同时，也有很多平民百姓及前朝"遗老遗少"依然穿着宽松的长袍马褂。虽然民国政府明确规定西服和传统长袍马褂都可以作

图5-1 民国初年的男式流行服装：长袍、中山装、西装

随着鸦片战争以来西风东渐的潮流，西方服饰也逐渐进入了中国人的生活，很多新派人物赶时髦穿起了西装，然而也有不少前朝的"遗老遗少"们依然穿着传统的长袍马褂，一时人们的着装较为混乱，直至民国政府颁布法令将中山装定为礼服，这种混乱的局面才逐渐结束。

为礼服，但是却并未规定不能穿着其他服装。于是一时之间，人们想穿什么就穿什么，想怎么穿就怎么穿。那个时期中国人的服装样式变得异常丰富，西服汉服、古装洋装并存，社会秩序变得紊乱不堪，非常影响中国人的体面和国家形象。（图5-1）

中国人迫切需要自己的服装样式，对此，孙中山先生再次起到领袖典范作用——中山装应运而生。中山装是一种男式套装，由于孙中山先生率先穿着而得名"中山装"。中山装综合了中西方服饰特点，是一种"寓意深刻"的新款服装。

1912年，民国政府通告全国将中山装定为礼服。其最先式样为：前身6粒扣子，后身贯通背缝，上衣兜为胖裥袋。到30年代，中山装的造型被赋予了革命及立国的含义，寓意如下：依据立国之四维（礼、义、廉、耻）而定前襟有4个口袋，袋盖为倒笔架形，寓为尊重知识分子，以文治国；依据国民党政府的五权分立（行政、立法、司法、考试、监察）前襟改为5粒

图5-2 孙中山穿的中山装，2009年，孙中山及其战友文物展

中山装因孙中山先生率先穿着而得名"中山装"，它综合了中西方服饰的特点，造型美观大方，穿着舒适合体，而寓意深刻。中山装不仅符合中国人的穿着习惯，又符合其含蓄稳重的民族性格，具有和谐的东方之美，受到社会各阶层的广泛喜爱。

扣子；依据国民党立国的三民主义（民族、民权、民生）以及共和理念（自由、平等、博爱），袖口定为3粒扣子，封闭的衣领显示了"三省吾身"严谨治身的理念。（图5-2）

裤子则改为西式长裤。前后各两片，两侧缝上端有直袋，前片腰口有平行与丁字形的褶裥各两个，右腰口装表袋一只，以前裆裤缝为开门。后片两侧有双省缝，有后袋。腰头有上腰头和连腰头，腰上装5—7个串带，脚口带卷脚。

在中国历史上，服装的长短相对各有讲究。一般来说，统治阶层、封建贵族和富裕人家才有机会穿长衣，而下层的黎民百姓和劳动人民则普遍穿短衣。而中山装属于短装，各阶层的人都可以穿着，这与当时盛行的民主思想以及全球服装趋于平民化的大环境是相一致的，是一种顺应历史潮流的服装。然而，中山装在款式特点及穿着方式上又不同于传统西装。如：紧闭的小竖领造型不同于西装敞开的大翻领；上下左右4个对称的口袋不同于西装前片3个非对称式口袋；在穿着的时候，中山装需要系上所有的纽扣，而西装则完全可以不系扣子潇洒地穿着。（图5-3）

在向西方学习的过程中，中山装依然保留了自己的东方文化特色，具有从容自然、不亢不卑的风格特征。它不仅造型美观大方，样式结构合

图5-3 20世纪六七十年代，中国成年男性大多穿着中山装

款式：关闭式八字形领口，装袖，前门襟正中5粒明纽扣，后背整块无缝。袖口可开衩钉扣，也可开假衩钉装饰扣，或不开衩不用扣。明口袋，左右上下对称，有盖，钉扣，上面两个小衣袋为平贴袋，底角呈圆弧形，袋盖中间弧形尖出，下面两个大口袋是老虎袋（边缘悬出1.5—2厘米）。裤有3个口袋（两个侧裤袋和一个带盖的后口袋），挽裤脚。

理，而且非常实用，穿着方便，上下得体，符合中国人的穿着习惯，同时也符合中国人内向、持重的民族性格，具有东方的和谐之美，体现了中国式的审美观和民族特色，非常符合中国人民的审美喜好。并且它既可用高档衣料制作，也能使用一般布料制作；既能做日常便服，又可做上班服或会客服装；既能适应不同地区气候条件的需要，又能适应青、中、老年的穿着，不受社会阶层、地位、等级的限制，因此受到广大人民的普遍热爱。

1949年新中国成立后，以毛主席为代表的革命领袖也非常喜欢穿中山装，于是中山装便成为全国人民穿着的标志性服装，成为代表中华民族的正式礼服。新中国成立初期，周恩来总理代表新中国出席日内瓦会议和万隆会议的时候，穿的就是中山装，在世界舞台上展现了新中国领导人崭新的国际形象。

如今，中山装作为代表中华民族气魄的一种服装，仍然持续在人民生活中流行。选择穿着中山装似乎已经变成了一种新的生活方式。有的青年学生喜欢穿中山装照毕业相、参加文艺演出，有的新人喜欢穿中山装照婚纱照……更有一些社会名流在出席国际会议或典礼之时，会穿着代表中华民族的中山装亮相，充分展现了中国人的自信与风采。例如，著名导演张艺谋、李安、贾樟柯等在亮相国际电影节领取奖项的时候，就曾穿过黑色中山装。（图5-4）

此外，中国时装界近些年来也推出了许多颇有创意的中山装，有的在中山装款式的基础上，添加龙、凤、梅、兰、竹、菊、琴、棋、书、画等刺绣图案，有的用印花面料制作中山装，或者以多种颜色面料拼接制作中山装，为传统的中山装增添了许多时尚色彩。随着时尚界中国风的流行，甚至一些国际品牌也纷纷设计出自己的中山装，如阿玛尼就曾经推出了一款ARMANI COLLEZIONI改良中山装，一度风行米兰、巴黎、纽约、东京等各大时尚都市。

图5-4 小小旅行学院的全体成员

厦门大学曾举办"小小旅行学院的奇遇"展览。小小旅行学院成员包括冰岛视觉艺术家：Slaug Thorlacius和Finnur Arnar以及他们的4个孩子 Salvr（17岁）、Kristján（10岁）、Hallgerur（8岁）和Helga（6岁）。这就是小小旅行学院的全体成员，他们穿上中山装，拍摄中国式的肖像照。

▍众里寻"她"千百度——旗袍

说起旗袍，恐怕人们的第一反应就是电影里经常出现的民国时期美丽的女子。她们迈着款款的步子袅袅婷婷地走在寻常巷陌间，婀娜的身姿包裹在精致的旗袍里，就像娇艳的花枝盛放在精美的瓷器中，美好而温润。在中国人的心目中，似乎没有什么比旗袍更能演绎东方女子的万千风情了。（图5-5）

图5-5 民国，上海，时装模特

民国初年，女装样式仍保持着上衣下裙的传统形制，政府也规定女子礼服为上袄下裙。然而随着西方文明的东渐，受到西方生活方式的影响，女性逐渐开始追求人体的"曲线美"，很多前卫的女性开始穿起了"洋服"。

旗袍高高的立领以及上下一体直筒状的服装款式，蕴含着一种平和安静的美，也增添了东方女性端庄典雅的气质。既符合儒家传统"天人合一"的审美观，又符合中国人温和内敛的性格特征，因此得到众多国人的喜爱。此外，旗袍使用大量精美刺绣、贴花图案来表达丰富的意境，又善于在造型和色彩方面巧妙调和，表达含蓄温婉而又朦胧隐约的穿着效果，让人充满了无边无尽的想象。旗袍，就像一首抒情诗，古色古香而又韵味十足，处处体现着雍容典雅的东方美。（图5-6）

我们今天所说的"旗袍"是经过改良后的版本，与旗袍最初的样式有着巨大差异。旗袍初期是指满族女子所穿长袍，而后经过一步步演变，逐渐形成了现在的样式。

清朝的统治者是北方少数民族——满族，因其建有"八旗制度"故被称为"旗人"，满族女子日常所穿着的长袍便被称为"旗装"。满族旗装造型特点是宽大、硬朗、线条平直，衣服长至脚踝，这样又长又大的袍子可以把女子的胸、腰、臀部曲线全部掩盖起来，较为符合中国传统"含蓄"的审美观。这时期的旗装流行"元宝领"，在衣身的领口、袖子、衣襟等部位装饰有各种各样的刺绣花边，有时甚至于整件衣服全被刺绣图案所覆盖，而根本无法看出原来面料的颜色。如此精美绝伦宛若艺术品的刺绣旗装，只

图5-6　1939年初夏时分，福建厦门，公园里观赏风景的时尚女子

民国期间"改良旗袍"最大的改变在于裙腰的不断收缩，女性身材的曲线终于全部显露出来。该造型接近东方人的审美理想与习惯，淡雅合体，含蓄端秀。自1929年民国政府确定旗袍为国家礼服之一以后，旗袍成为当时最流行的女性服装。

119

图5-7 清末时，富裕家庭的少妇

　　满族妇女的传统服饰称为"旗装"，一般采用直线裁剪，衣身宽松，两侧开衩，线条平直，胸、腰、臀围差值较小，外加高高的硬领，使女性曲线毫不外露。在袖、领口处有大量精美的盘滚装饰，清末曾时兴过"十八镶滚"，即镶十八道花边装饰，以多盘滚为美。

能流行于宫廷和贵妇中，民间女子是穿用不起的。（图5-7）

　　辛亥革命后成立的中华民国，1929年4月颁布了服饰改革条例，把旗袍定为国服。旗袍抛弃了烦琐复杂的装饰，开始变得简单实用，逐渐流行于民间。

　　20世纪的三四十年代是旗袍流行的黄金时期，由于主要流行范围以上海为中心，也被称为"海派旗袍"。这时期的旗袍受到西方文化的影响，在款式结构上发生了巨大变化，开始打破东方平面剪裁特点，在肩、胸、腰部出现省道，更加突出了人体"S"形曲线，得以淋漓尽致地展现女性魅力，成为改良过后"中西合璧"的旗袍样式了。当时的上海是亚洲时尚中心，所谓"上海滩十里洋场"，是社交名媛们聚会的乐园。国外面料源源不断地输入到上海，同时各家报纸期刊也纷纷开辟专栏介绍国外的流行信息，还有铺天盖地的广告——月份牌女郎的招贴画出现在大街小巷，这些都在推动着旗袍的改良与流行。（图5-8）（图5-9）

旗袍在此阶段也发展出许多新款式：领子时高时低，袖子忽长忽短，

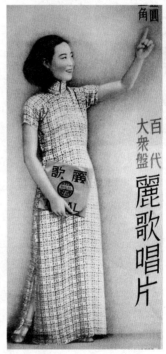

图5-8 民国时期的洋酒广告

被旗袍包裹着的女子在广告中展现着优雅的身姿，迷人的微笑，加上独特的擦笔水彩画法，淡淡怀旧的氛围，着实让人迷恋。画中的美女，梳着烫过的流行短发，穿着精美合体的旗袍，脚蹬时髦的高跟鞋，眉眼细长，神情妩媚，有种令人赏心悦目的美。

图5-9 民国时期，百代唱片的广告宣传画，上有"百代大众盘 丽歌唱片"字样

上海的"月份牌"招贴画是整个民国时期生活侧影的记录，作品多以表现时装美女形象为主。通过描画时代女性的社会生活，从侧面折射出社会的进步，女性地位的提高，蕴含着丰富的文化内涵。

121

图5-10 时装化的旗袍使少女们更加婀娜多姿

改良后旗袍裁法和结构更为西化，胸省和腰省的使用使之更为合身，同时出现了装袖和肩缝，使袖窿和肩部更为合体。有人还使用柔软的垫肩，名曰"美人肩"，打破了旧时以"削肩"为美的传统审美特征，从而使旗袍造型更加纤长合体，与当时欧洲流行的女装廓形相吻合。

甚至无领无袖……并且衣身侧开衩高度也随时尚潮流而不停变化。然而无论怎样演变，旗袍的主要特征已基本稳定下来：立领盘扣，右侧开襟，两侧下摆开衩，收腰合体等。改良旗袍兼收并蓄东西方服饰特点，修长合体的造型非常适合清瘦玲珑的东方女子身材，因此逐渐风靡全国，成为近代中国女子的标准服装。（图5-10）

新中国成立后，旗袍所代表的悠闲、淑女时代已经过去，被冷落了几十年之久，直到20世纪末，人们才再一次把目光投向了旗袍。作为最能衬托东方女性身材和气质的服装，旗袍不仅受到国内服装设计师的青睐，甚至不少国际服装设计大师也相继推出了以旗袍为灵感的时装系列发布会，把中国的旗袍带到了国际舞台上。如，1998年，迪奥（Dior）品牌设计师约翰·加利安诺（John Galliano）在巴黎秋冬时装发布会上就推出以中国30年代上海旗袍为灵感的系列作品，突出了旗袍紧身、立领、高开衩的特点，令人惊艳。（图5-11）

进入21世纪，众多国内、国际女明星，在出席各种国际盛典的时候，纷纷穿着各式旗袍。一些崇尚新潮的年轻人，也选择做工精良、样式独特的旗袍作为礼服出席结婚典礼或正式场合的聚会。尤其是2008年，北京举办奥运会时，全世界把目光聚焦到中国，当礼仪小姐身着"青花瓷""宝蓝""国槐绿""玉脂白""粉红"5个系列的旗袍出现在颁奖典礼上时，旗袍，以其别致美艳、

图5-11　身穿款款美丽旗袍的中老年女性走在苏堤上，宛如一道美丽的风景

　　虽然新中国成立以后，穿旗袍的女性急剧减少，然而随着改革开放，人们思想的解放，那些精美的摇曳着万千风情的旗袍，似乎让所有的爱美女性为之而疯狂。女人的衣橱怎么能少得了一件精致的旗袍呢？

图5-12　身穿中国旗袍的各国佳丽在比赛中展现古典风韵

　　进入新世纪以来，女性的理想形象为高挑细长，而旗袍作为最能衬托中国女性身材和气质的时尚代表，再一次吸引了众人的目光。在国外，有不少设计大师以旗袍为灵感，推出具有国际风味的旗袍，将中国的旗袍推向了国际舞台。

国色天香的姿态再一次向世人展示了它的魅力，受到了全世界人们的赞誉，成为新的东方美的标志。（图5-12）

河边的喀秋莎——"布拉吉"

新中国成立后，人们的穿着装扮发生了很大的变化，曾经被视为身份地位象征的西装革履和刺绣旗袍一度被历史的尘埃淹没了痕迹。传统的绸缎面料也显得有些不合时宜，人们开始用朴实的棉布来做衣服。于是男人们穿上了朴素的粗布军装、灰色的干部装、蓝色的列宁装……妇女们则穿起了印花的连衣裙——"布拉吉"。布拉吉是俄语（платье）的音译，在俄语中是连衣裙的意思。布拉吉的款式简洁明快，穿起来舒适自然，是一种审美与实用完美结合的服装。（图5-13）

中国古代传统服装多分为上衣

图5-13 1956年，北京，穿上花衣裳的女职工

20世纪50年代的中国，女性流行穿布拉吉。那时中国城市里盛行周末舞会，年轻漂亮的姑娘们穿上各式各样的布拉吉，去参加周末舞会，去展示她们青春靓丽的风采……成为很多人在那个时代中一段温馨浪漫的回忆。

124

和下裳两件，像连衣裙一样连身的款式比较少见。只有深衣是个例外，上衣下裳在腰间拼合，其实就是一种连衣裙，男女都可穿着，只是在细节上有所差别。直到近代，西方连衣裙才传入中国，成为女性日常服装之一。在20世纪20年代，一部分留学生及文艺界、知识界的女性开始穿着西式连衣裙，至30年代穿着者渐多。连衣裙的特点是上衣和下裙相连，收腰或束腰带，能够显示腰身的纤细。连衣裙多为直开襟，有开在前面的，也有开在背后的。袖子有长有短，长袖和中长袖有袖头，短袖为平袖，无袖头，也有做泡泡袖、喇叭袖的。领口样式丰富，有长方领、方领、尖领、圆角领、水兵领、飘带领、蝴蝶结领、铜盆领，及无领座的圆领、一字领、U字领、方口领、V字领等。下裙一般较为宽大，有斜裙、喇叭裙、褶裥裙、节裙等样式。（图5-14）

连衣裙可以分为接腰型和连腰型两类。接腰型是上衣下裙分开的，在腰间拼接而成。按照腰线位置，有高腰、低腰及中腰裙型。而连腰型连衣裙则可以分为带公主线的紧身型和宽松的衬衫型、帐篷型等款式。公主线从肩部到下摆，形成收腰宽摆的造型特点，可以将女性胸、腰、臀部曲线完美展现出来。（图5-15）

图5-14 20世纪30年代，穿洋式夏装的女郎

在20世纪二三十年代，有一部分留学生及文艺界、知识界的女士率先开始穿着连衣裙。那时的连衣裙多为直开襟，收腰或束带，显示出纤细的腰身，其领、袖款式变化非常丰富。穿着起来可以衬托出年轻女性妩媚而又优雅的迷人风姿。

图5-15 1986年，浙江温州某县全县乡镇文化员合影

在20世纪80年代，虽然已经改革开放了，但是人们的着装仍然较为保守。如图，男子穿单色衬衣、长裤，年轻姑娘们穿裙装，款式以连衣裙及半身裙为主，样式简单，大方得体，颜色清新淡雅，面料多为纯棉布，穿起来显得端庄秀丽，具淑女风范。

图5-16 文艺复兴时期，穿法勒盖尔衬裙的意大利女人

法勒盖尔（farthingale）衬裙在文艺复兴时期的意大利相当流行，当时小脸蛋的女人被认为最美，因此使腰身显得膨大的这种服装正合当时的潮流，再配上高木靴，女人的身材更显高挑。

布拉吉属于"接腰型"连衣裙，袖子多为泡泡袖或一寸袖，裙摆比较宽大，腰间有细褶，用一条布质腰带将腰部收紧，形成了漂亮的"X"形造型。领子有方有圆，或者无领。面料是碎花、格子和条纹的纯棉布，常用花边、饰带、蝴蝶结作为装饰。

在别的国家或地区，人们穿着连衣裙的历史更为漫长。上溯至古埃及、古希腊及两河流域的束腰衣，上衣下裙相连接，是早期的连衣裙。之后，西方女裙一直以连衣裙为主。文艺复兴时期，人文主义思潮兴起，强调仁爱、平等，提倡个性解放，反映在服装上，女性通过穿紧身胸衣和下半身膨大的裙子形成"S"形曲线造型来凸显女性气质。

图5-17 穿着俄罗斯贵族小姐服饰的女人

古代西方人曾极度欣赏女子的细腰，甚至于不顾惜身体健康而穿着紧身胸衣来收紧腰肢，再配以垫了裙撑的庞大的裙摆，强烈的女性特征由此而产生。人们又在裙子上使用繁多的褶裥、花边、蕾丝、缎带等装饰……由此造就了华美浪漫、美艳动人的西方女裙。

（图5-16）（图5-17）在20世纪初期，出现了女装改良运动，设计师保罗·布瓦列特（Paul Poiret）抛弃了紧身胸衣的使用，创造了朴素、舒适、自然的连衣裙。直到第一次世界大战之前，连衣裙一直是女性主流服装。一战后，由于女性越来越多地参与社会工作，才出现了多种服装样式，然而作为礼服，还是以连衣裙样式居多。

而今，连衣裙随着时代的进步而发展，已经成为现代女装基本款式之一，被誉为服装造型中的"款式皇后"，受到广大女性的喜爱。

▌ 时髦"牛仔服"

　　牛仔服之所以被称为"牛仔服"，并流行至全世界，与好莱坞的影视娱乐业是分不开的。20世纪50年代，随着《天伦梦觉》《原野奇侠》等著名西部影片的热映，片中英俊潇洒、热情奔放的牛仔们穿着蓝色牛仔裤骑在马背上扬尘而去的背影，深深地感染了台下的观众。在那些大牌明星的带动之下，牛仔裤成为当时的一种时尚符号，成为人人梦寐以求的时尚款式。虽然西部影片促进了牛仔裤的流行，但是牛仔裤最初并非牛仔的裤子，而是专门为淘金工人发明的工装裤。（图5-18）

　　19世纪40年代末，美国加州发现金矿，随即全国掀起淘金热。那时，年轻的德国人利维·施特劳斯（Levi Strauss）离开故乡去美国谋生，在旧金山淘金。不久，他发现淘金工们一直在抱怨所穿的棉布裤子磨损太厉害，裤子上到处是破洞，也装不了淘来的黄金。大家对此非常烦恼，叫苦不迭。有一天，施特劳斯外出散步，偶然瞥见远处一座座的帆布帐篷矗立在斜阳之下，突然灵机一动：这些帐篷风吹日晒雨淋，却毫不破损、坚固如常，如果用这种帆布做成裤子，会不会也比较耐穿呢？于是他马上找到厚

图5-18　1871年，美国黄石国家公园，牛仔给牛打
上烙印

　　牛仔曾被誉为美国当年西进运动中的"马背英
雄"，他们是一群机敏、勇敢、耐劳、富有开拓精神
的劳动者。传统的牛仔形象是：头戴墨西哥式宽边牛
仔帽，上身穿口袋多、袖束口的紧身牛仔短上衣，下
穿牛仔裤，颈围鲜艳的大方巾，足蹬长筒皮靴。

实的帆布裁出一条裤子，经过试穿果然非常结实耐用，并显得精干利落。
于是这种裤子很快便在淘金工间流行起来。利维·施特劳斯被公认为牛仔
裤的发明者，他所创立的利维公司（Levi's）生产的牛仔裤成为世界上最早
的牛仔裤。由于这种裤子美观、实用、耐穿，价格又便宜，所以在美国中
西部地区大受欢迎，成为人人都穿的一种裤子。尤其是当地牛仔纷纷穿起

129

图5-19 牛仔裤

  随着材质的研发及设计的改良，牛仔裤不断进行创新，除了传统的靛蓝牛仔裤以外，还出现了水洗、补丁、毛边等系列，有的还用皮革、烫钻、铆钉等饰品进行局部装饰，如今在市场上和大街上随处可见各式各样款式新颖的牛仔裤。

来之后，这种裤子就取名为"牛仔裤"。（图5-19）

  20世纪六七十年代，摇滚乐的流行和嬉皮士的生活方式对青少年的广泛影响，使牛仔裤成为美国的流行时装，并逐渐风靡全球。同时，牛仔裤也步入了上流社会，很多名门贵族也开始穿起了牛仔裤，如英国的安妮公主、已故约旦国王侯赛因和已故法国总统蓬皮杜等都喜欢穿着牛仔裤，甚至美国前总统卡特还曾经穿着牛仔裤参加总统竞选。时过境迁，当年作为工作服的粗重的牛仔裤，逐渐变得时尚起来。在美国，牛仔裤已经成为了美国文化中独立、自由、叛逆精神的象征，上至总统下至普通职员都喜爱穿着牛仔裤。

随着时代进步，牛仔裤的款式、面料和色彩越来越多，几乎可以和各种服装进行搭配，被称为"百搭服装之首"。（图5-20）尤其是后来人们在面料中加入氨纶、莱卡等富有弹性的新材料，使牛仔裤具备了非常好的塑身作用，并且在工艺上不断创新，使之越来越具有个性化的外观形象。同

图5-20 2007年，上海，进城打工的农村女青年

谁的衣橱里面没有几条牛仔裤呢？牛仔裤能够塑造出臀形圆俏立挺的漂亮曲线，性感指数大幅度上升，毫无疑问地成为服装中的"百搭之星""东方不败"，从农村到城市随处可见身穿牛仔裤的人。

图5-21 牛仔系列时装表演

牛仔服早已经不只是牛仔及蓝领劳工们所专享的服装了，如今它摇身一变走上了时尚舞台。为了塑造女性玲珑而性感的曲线，各品牌设计师们绞尽脑汁，费尽心思推陈出新，由此牛仔服装不仅成功地步入时尚T台，甚至还登上了大雅之堂，走上星光红毯。

131

图5-22 万千宠爱在"牛仔"

　　现在的牛仔服不仅面料花色越来越多，而且样式也越来越新颖，直筒裤、七分裤、牛仔裙都具有良好的修身效果，诠释出风情万种的女性气质，受到现代女性的青睐。牛仔服成了时代的宠儿。

时，各种风格的牛仔服装也应运而生，最常见的有：背心、夹克、连衣裙、短裙、热裤等等，从而由单一的"牛仔裤"变为名副其实的"牛仔服"。（图5-21）

　　20世纪70年代末，牛仔服开始在中国出现。经历了10年的文化浩劫，人们习惯于灰、蓝、黑色服装。作为资本主义国家的舶来品，当时社会各界对牛仔服均持否定态度，认为穿着它"有伤风化"，并且"不利于青少年正常发育"……甚至有的学校领导将其视为"奇装异服"，禁止师生穿着。随着改革开放后对外交流大门的开启，人们的思想开始解冻，"文革"中被压抑的个性逐渐显露出来。牛仔服由于其自然清新的风格，给刚刚从"文革"中苏醒过来的人们带来了新鲜的穿着感受，尤其是大城市中追求时髦的年轻人，非常乐意接受新生事物，成为穿着牛仔服装的第一批人。

　　如今步入21世纪，牛仔服已经流行到中国的大街小巷，得到了人们的广泛喜爱。曾代表西方文化的牛仔服何以会在中国如此盛行，甚至于在时尚领域一直独领风骚？原因不仅在于其廉价与耐穿，还因为它已被冠以"时尚"头衔，代表了当今的时尚潮流。现如今，人们越发热衷于户外休闲活动，所穿服装也越来越休闲随意，而牛仔服因其实用、美观和低廉的价格成为老少皆宜的首选休闲服装。并且，牛仔服每年流行的款式、颜色、面料等都会受到国际时尚潮流的影响，出现了复古风格、刺绣风格、皮草风格等等，不仅丰富了自身的款式，同时也丰富了人们的衣橱，终于在全世界范围内创造了"不衰的牛仔服"的传奇。（图5-22）

风度裳眼
中国服饰

6

在水一方
——少数民族服饰

▌ 北方少数民族服饰

除了汉族以外，我国共有55个少数民族，每个民族都有自己的传统特色服饰。这些传统服饰就像"族徽"一样，是识别民族的最为直观的标志。（图6-1）

图6-1 身着各民族服饰的工作人员在北京中华民族园满族博物馆

我国共有56个民族，每个民族都有自己的传统特色服饰。图中人物身着苗族、白族、傣族、布依族等少数民族传统服饰，衣衫鲜艳，笑容璀璨。

图6-2 康巴艺术节服饰展上的藏族传统服饰，青海省玉树藏族自治州

年轻女孩长长的头发被编成许多细细的发辫，然后戴上各种各样的饰物。较为普遍的一种是头顶正中戴一个发饰，类似银盘，上面辅以红色毡片，周围镶嵌着珊瑚珠和绿松石，中央是一颗硕大的红色玛瑙。另外头发两侧还戴上一串串各种宝石穿成的饰品，可谓是价值连城。

由于生活地域以及气候条件的不同，我国通常把少数民族分为南、北两大类。北方包括蒙古族、满族、朝鲜族、回族、达斡尔族、鄂温克族、鄂伦春族、赫哲族、维吾尔族、哈萨克族等分布在东北、华北、西北地区的少数民族。南方包括苗族、彝族、壮族、藏族、瑶族、侗族、白族、傣族等分布在中南、东南、西南地区的少数民族。（图6-2）

北方气候寒冷，人们多从事牧、猎、渔业，迁徙频繁，没有稳定的生活环境，所以民族服饰均有防寒保暖及适应骑马生活的特点，以长袍、长裤

图6-3 藏族服饰

藏族主要分布在中国西藏、青海、甘肃、四川和云南等地区，其服饰特点为宽腰、长袖、大襟长袍。这种袍服衣身和袖子都肥大宽敞，臂膀伸缩自如，白天气温上升可以露出一个臂膀，有利于散热，方便体温调节。而到了夜晚，这种肥大的长袍可以当作被子和衣而眠。

图6-4 蒙古族家庭

　　蒙古袍的颜色，男子喜欢蓝色、棕色，女子则喜欢
红、粉、绿、天蓝色，夏天较浅淡一些，有浅蓝、淡绿、
粉红、乳白等色彩。蒙古人认为，蓝色象征永恒、坚贞、
忠诚，是代表蒙古族的色彩；红色像太阳、火焰一样能够
给人温暖、光明、愉快；而像乳汁一样洁白的颜色，是最
为圣洁的，多在典礼、年节吉日时穿用。

为主，一般比较厚重，刺绣等装饰品较少，且图案风格较为粗犷、奔放，
别具一格。长袍盛行于高寒地区少数民族，如蒙古族、满族、赫哲族、土
族、达斡尔族、鄂温克族、鄂伦春族、裕固族等少数民族。为适应草原牧
区生活的需要而穿的长袍其主要类型有皮袍、棉袍、夹袍等。以游牧为主
的藏族，其皮袍较为典型，基本结构为大襟、右衽、长袖、肥腰、无兜、
左右开衩，藏民穿用时多褪下一只袖，袒露右臂，或两袖皆褪下，掖于腰
间。（图6-3）

图6-5　南薰殿旧藏《历代帝后像》，戴顾姑冠、穿交领织金锦袍的
皇后

　　"顾姑冠"蒙古语称为黑塔，汉文史籍称固姑冠、故姑冠或罟罟
冠。是一种具有浓厚民族色彩的、艳丽的首饰。这种高冠，采用桦树皮
围合缝制，呈长筒形，冠高约30厘米，顶部为四边形，上面包裹着五颜
六色的绸缎，缀有各种宝石、琥珀、串珠、玉片及孔雀羽毛、野鸡尾毛
等装饰物，制作精美，绚丽多姿。

　　蒙古族无论男女老幼一年四季均喜欢穿长袍，俗称蒙古袍。(图6-4) 其
造型男袍肥大，女袍紧身。女子穿紧身长袍时，往往配以"顾姑冠""连
垂"和"发套"。"顾姑冠"是一种特色女帽，非常奇特、华丽，自金、
元时期便已在贵族妇女中流行。该帽一般为长筒形，高20—30厘米不等，
用桦树皮做骨架，外包花色绸缎，点缀金银珠宝或各种特色装饰，如，在
冠顶有的插一根约10厘米高的小木棍，上面连着一个圆木珠，有的则插许
多蓝孔雀羽毛。"连垂"是已婚妇女脸庞两侧数条小辫上系带的一种布

质饰品，呈扁圆形或鸡心形，用布料缝合而成，下面连接黑色的长条辫套，辫套上绣有花纹或饰以金银，布质饰品上密密麻麻地缀满珊瑚、玛瑙和镂花嵌玉的金银珠翠。（图6-5）

赫哲族的鱼皮服装别致新颖、富有特色。作为中国唯一以捕鱼为业的少数民族，赫哲族人民自古以来有穿着鱼皮服的历史。鱼皮服采用鲑鱼皮制作而成，鲑鱼也称大麻哈鱼，皮质宽厚肥韧，可以完整地削下。之后把鱼皮晒干去鳞，放在凹木床上用木槌捶，使之柔软如布，然后将其拼接成大块面料，再裁剪成衣片，用柔韧的鱼皮线或鹿筋、狍筋缝缀，并在衣服的衣襟、袖口、下摆处施绣图案，或者用皮条、色布进行缘边装饰。由于鲑鱼皮背部色泽较深，腹部色泽较浅，因此能产生明暗渐变的效果，具有特殊的美感。并且鱼皮服耐磨、抗湿、保暖，

图6-6 2009年6月7日，东北，节日中盛装打扮的赫哲族妇女

赫哲族是我国人口最少的少数民族之一，目前总共不到5000人，世代生活在黑龙江、松花江和乌苏里江流域。他们是当今世界上唯一一个用鱼皮制作服装的民族，被称为"鱼皮部落"。

加之当地天气寒冷，不会导致衣服腐烂变质，因此赫哲族人民普遍穿着鱼皮服。（图6-6）

维吾尔族人民居住在天山以南，历史悠久，唐朝称"回鹘"，其服饰富有地域特色。由于长期以来的游牧、狩猎生活，人们有穿"玉吐克（皮靴）"的习俗。"玉吐克"由牛羊皮做成，并绣有各式花纹，非常漂亮。此外，维吾尔族人民还喜欢戴"花帽"，其工艺精湛，纹样丰富。（图6-7）依地区不同，花帽款式种类也各具特点。如，喀什地区男式花帽以巴旦姆

139

图6-7 维吾尔族妇女

维吾尔族不论男女都喜欢戴花帽，花帽的颜色与图案变化万千，并且不同地域的人们戴不同样式的花帽，具有明显的地方特色。著名的有巴旦姆男式花帽，多是黑底白花，风格庄重、古朴、大方；塔什干女性花帽，一般色彩鲜艳、浓烈，如盛开的花朵。

图案为主，黑底白花，色彩对比强烈，格调高雅，称为"巴旦多帕"。和田、库车地区的花帽则以优质丝绒面料为底，又配以色彩各异的编织纹样，疏密有致，韵味独特。吐鲁番地区花帽往往色彩艳丽，大红的花纹配上翠绿的花纹，绚丽如奇葩。伊犁地区花帽素雅、大方，造型扁浅圆巧，纹样富有流动感，简练而概括。曼波尔花帽则以纹样细腻著称，满地花纹呈散点排列，色彩高雅，帽形扁平，是男子喜欢戴的花帽，它以扎绒法绣成，好似地毯，所以又称地毯花帽。花帽斜戴于头顶之上，为能歌善舞的

维吾尔族人民增添了无比的魅力。

▎南方少数民族服饰

南方少数民族所处地区大多位于亚热带，气候温暖湿润，人们多从事农业生产，生活相对安定，民族服饰相对短小而单薄，款式多为上衣下裙（或裤），饰品多而精美。服饰材料常以透气性能好的

图6-8　苗族百褶裙，重庆，中国三峡博物馆西南民族民俗风情厅

百褶裙指裙身由许多细密、垂直的褶皱构成的裙子，少则数百褶，多则上千褶。苗族、彝族、侗族等民族女性常穿百褶裙，在云南、四川、贵州等地区广为流行。图为贵州望莫苗族女子百褶裙，上有蜡染、刺绣等多种工艺，做工极为复杂。

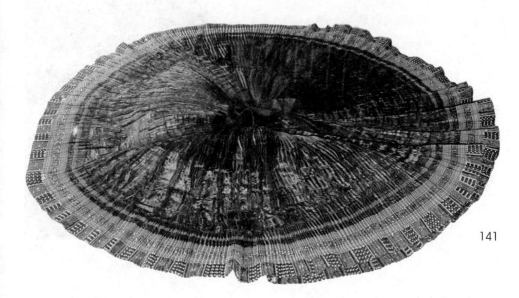

图6-9 云南哈尼族男子

　　哈尼族崇尚黑色，无论男女，其服装多以黑色为基调。居住在云南西双版纳地区的哈尼族男子一般穿大襟或对襟黑色上衣，以黑布裹头。沿着衣襟有两行银片或银币纽扣，包头上两侧也有银泡装饰。

棉、麻、丝绸做成。人们比较擅长刺绣、蜡染、挑花等工艺，花纹图案精致美观，富于变化。彝、瑶、羌、苗等少数民族的刺绣、挑花，布依族的蜡染，白族的扎染等驰名全国。（图6-8）

　　南方少数民族男子主要穿对襟短衫和大口裤，基本款式相似，只是在局部之处各民族略有差异。如白族称为"汗褡"的对襟衫，纽扣呈两对一排或三对一排，并且数件套穿。哈尼族男子穿对襟衫以多为贵，门襟上的银币纽扣不扣，均一层一层显露出来，以示富有。苗族男子节日时穿着的对襟上衣布纽扣盘牛角花纹，衣服两边口袋是红色挑花图案，与围腰上的图案，在色彩、花纹上相呼应，具有一种和谐的自然美。（图6-9）

　　南方少数民族女子普遍穿大襟衣或斜襟衣，搭配裙或裤。如西双版纳的傣

图6-10 原始的侗族服饰展演

　　侗族女子身穿传统服装，一般为大襟短衫，衣襟和袖口有精美刺绣，以龙凤图案为主，间以水云纹、花草纹。下穿百褶短裙，脚蹬翘头花鞋。发髻上饰银钗、环簪，银梳或戴盘龙舞凤的银冠，颈戴5只大小不同的银项圈，胸前佩5根银链和一把银锁，用来镇魔辟邪。银饰品上雕龙画凤，有花鸟鱼虫等图案，古朴而繁杂。

族、布朗族和苗族主要穿斜襟衣。有趣的是，苗族的斜襟衣左右皆为斜襟，因此衣领既可以右衽也可以左衽。而大襟衣则分有领、无领，左衽或右衽。在受汉文化影响较大的地区，不少民族都穿大襟衣。如，侗族北部地区受汉族服饰文化影响，妇女服装多为大襟衣长裤，而南部山区则多穿斜襟式裙装。（图6-10）彝族妇女上穿大襟长袖或短袖外衣，下穿三色百褶裙，无领，穿时再戴假领及大领花。

南方地区少数民族大多生活在崇山峻岭之中，绵延的山地阻塞交通。并且一个民族往往分为若干个支系，其服饰特点也各不相同。由此导致南方少数民族服饰款式千姿百态，制作材料也丰富多彩。如，傣族女子服饰，各地区有所不同。西双版纳的傣族女子上身穿紧身内衣和无领窄袖短衫，下穿彩色拖地长裙，外系精美的银质腰带，秀美窈窕，优雅动人。新平、元江一带的"花腰傣"，上穿开襟短衫，下着黑色筒裙，在穿着筒裙时，特意将左边裙腰提高10厘米系扎，使裙摆上翘，别有一番妩媚风韵，并且筒裙上有彩色布条和银泡组成的图案装饰，光彩耀目。（图6-11）

图6-11　云南玉溪新平漠沙镇龙河村，傣族姑娘

花腰傣盛装女子身穿无领无襟小褂，前胸成排缀满了上千颗亮闪闪的银泡装饰，琳琅满目，光彩照人；下穿黑色筒裙，裙摆绣着色彩鲜艳波浪起伏的花边，筒裙左侧裙摆提起，突显了腰部的曲线，服饰华美艳丽，别具一番风情。

少数民族不仅服装纹样丰富、绚丽多姿、民族特色鲜明，其各色配饰更是精美绝伦、巧夺天工。（图6-12）如著名的苗族银饰，不仅造型奇巧、工艺精湛，并且在其装饰图案中，还蕴含有丰富的文化内涵。苗族人民对金

图6-12 戴着"鸡冠帽"的彝族姑娘们

  鸡冠帽是彝族女子戴的一种传统帽子，是幸福、吉祥的象征。它一般用硬布剪成鸡冠形状，上面施以各种色彩艳丽的花卉刺绣，再用大小银泡镶绣而成，戴在头上像一只"喔喔"啼鸣的雄鸡。雄鸡在彝族是忠实"卫士"的象征，提醒人们按时起床劳作。姑娘们戴上鸡冠帽，表示雄鸡相伴，大小银泡则代表星星月亮，寓意永远光明幸福。

银有着特殊的爱好，他们的"金银情结"源远流长，据说已经有400多年的历史。苗族先民相信，一切锋利之物皆能驱邪，银饰是驱邪之上品，佩戴银饰，不仅可以辟邪消灾，还可以祛毒祛病，并保佑死后灵魂不遭遇恶鬼侵害……因此苗族人民普遍佩戴银饰。苗族银饰种类繁多，造型美观，有头饰、颈饰、胸饰、手饰等类别，普遍遵循"以大为美、以多为美、以重为美"的美学原则。堆大为山，呈现出巍峨之美；水大为海，呈现出浩渺之美。著名的苗族大银角几乎为佩戴者身高的一半；贵州施洞苗族银耳环单只最重达200克；黎平地区的镂花银排圈讲究愈重愈好，有的甚至重达4

千克；清水江流域的银衣，组合部件有数百之多，呈现出一种繁复之美。在苗族银饰图案中，蕴含着巫文化和图腾崇拜的原始宗教观念。譬如丹江苗族背部银衣有"宗庙"的造型，这是苗族原始宗教信仰的核心纹样，它掌管着全身银衣片的各个部位，不能随意创造、变形。苗族人民认为，水牛是具有神性的动物，也是农耕的主力，并且传说苗族的先祖蚩尤就生有牛角，因此，很多苗族地区人们佩戴牛角状银饰。此外，蝴蝶、银燕雀、鱼和古枫树等动植物也是苗族人所崇拜的图腾样式，它们也是苗族银饰必不可少的纹样造型。由于受到汉族文化的影响，苗族银饰中也有龙的图案，多见于头饰，特别是女子所佩戴的银角，多为二龙戏珠的吉祥纹样。(图6-13)

图6-13 苗族头饰

银角高耸巍峨，通常为二龙戏珠纹样，龙身、珠体均为凸花雕刻；银帽由繁多的银花、鸟、蝶等动物组成，为苗族盛装头饰，戴起来满头珠翠，摇曳多姿。此外还有银扇、银梳、银发簪、银耳环等饰品，各具特色。

参考文献

[1]　臧迎春.中国传统服饰[M].北京：五洲出版社，2003.

[2]　臧迎春.中西方女装造型比较[M].北京：中国轻工业出版社，2001.

[3]　李当岐.中外服装史[M].武汉：湖北美术出版社，2002.

[4]　李当岐.西洋服装史[M].北京：高等教育出版社，2005.

[5]　沈从文.中国古代服饰研究[M].上海：上海书店出版社，1999.

[6]　黄能馥，陈娟娟.中国服饰史[M].上海：上海人民出版社，2005.

[7]　汤献斌.立体与平面——中西服饰文化比较[M].北京：中国纺织出版社，2002.

[8]　高格.细说中国服饰[M].北京：光明日报出版社，2005.

[9]　钟茂兰，范朴.中国少数民族服饰[M].北京：中国纺织出版社，2006.